观看相应资源；这套教材还配合天工讲堂开设了在线课程、在线题库，配套齐全，编排科学，便于培训和检测。

　　这套教材的出版非常及时，为培养技能型人才做了一件大好事，我相信这套教材一定会为我国培养更多更好的高素质技术技能型人才做出贡献！

中华全国总工会副主席

高凤林

前言

为推动中式烹调师职业技能培训和职业技能等级认定工作,规范从业行为,正确引导职业教育培训方向,我们以培育从业者的工匠精神为出发点,在熟悉并掌握《国家职业技能标准 中式烹调师》(以下简称《标准》)的基础上,编写了本书。

本书遵循"职业活动为导向、职业技能为核心"的指导思想,突出了职业技能培训的特色;内容上紧扣《标准》的要求,结构安排以中式烹调师(初级)职业活动为基础,按照职业功能模块进行分级编写。

本书内容涵盖《标准》的基本要求,是初级中式烹调师必须掌握的基础知识,书中各项目对应《标准》中的"职业功能",二级标题及其所述内容对应《标准》中的"工作内容",三级标题及其所述内容对应《标准》中的"技能要求"和"相关知识要求"。

本书是中式烹调师国家职业技能等级认定培训教材之一,适用于初级中式烹调师职业技能等级认定培训,是国家职业技能等级认定辅导用书和初级中式烹调师职业技能等级认定国家题库建设的直接依据。

在本书编写过程中,得到了国家职业技能等级认定培训教材编审委员会、扬州大学旅游烹饪学院、江苏旅游职业学院、安徽工商职业学院、溧阳市天目湖中等专业学校、苏州旅游与财经高等职业技术学校、广东瀚文书业有限公司、山东瀚德圣文化发展有限公司等组织单位的大力支持与协助,在此一并表示衷心的感谢。

编　者

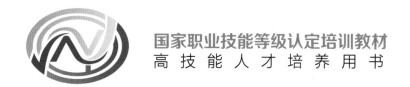

国家职业技能等级认定培训教材

高技能人才培养用书

中式烹调师

（初 级）

国家职业技能等级认定培训教材编审委员会 组编

陈志炎 主 编

沈 晖 任 俊
毛恒杰 王恒鹏 副主编

郭长健 郑帅帅
蒋一暸 李春梅 参 编

机械工业出版社

CHINA MACHINE PRESS

本书根据《国家职业技能标准 中式烹调师》（2018 年版）编写，主要介绍了鲜活原料初加工、加工性原料初加工、原料分割取料和切割成形、菜肴组配、挂糊与上浆、调味、预熟、热菜制作、冷菜制作等几部分。本书配套多媒体资源，可扫描封底"天工讲堂"小程序获取。

本书既可以作为各级职业技能等级认定培训机构的考前培训教材，又可作为读者考前的复习用书，还可作为职业技术院校、技工院校烹饪专业的教材。

图书在版编目（CIP）数据

中式烹调师：初级 / 陈志炎主编. —北京：机械工业出版社，2022.4

高技能人才培养用书 国家职业技能等级认定培训教材

ISBN 978-7-111-69144-0

Ⅰ. ①中… Ⅱ. ①陈… Ⅲ. ①烹饪 – 方法 – 中国 – 职业技能 – 鉴定 – 教材 Ⅳ. ①TS972.117

中国版本图书馆CIP数据核字 (2021) 第188479号

机械工业出版社（北京市百万庄大街22号 邮政编码100037）
策划编辑：范琳娜 卢志林 责任编辑：范琳娜 卢志林
责任校对：张 力 封面设计：刘术香等
责任印制：单爱军
北京新华印刷有限公司印刷
2022 年 4 月第 1 版第 1 次印刷
184mm × 260mm・8 印张・166千字
标准书号：ISBN 978-7-111-69144-0
定价：49.80 元

电话服务 网络服务
客服电话：010-88361066 机 工 官 网：www.cmpbook.com
　　　　　010-88379833 机 工 官 博：weibo.com/cmp1952
　　　　　010-68326294 金 书 网：www.golden-book.com
封底无防伪标均为盗版 机工教育服务网：www.cmpedu.com

序

新中国成立以来，技术工人队伍建设一直得到了党和政府的高度重视。20 世纪五六十年代，我们借鉴苏联经验建立了技能人才的"八级工"制，培养了一大批身怀绝技的"大师"与"大工匠"。"八级工"不仅待遇高，而且深受社会尊重，成为那个时代的骄傲，吸引与带动了一批批青年技能人才锲而不舍地钻研技术、攀登高峰。

进入新时期，高技能人才发展上升为兴企强国的国家战略。从 2003 年全国第一次人才工作会议，明确提出高技能人才是国家人才队伍的重要组成部分，到 2010 年颁布实施《国家中长期人才发展规划纲要（2010—2020 年）》，加快高技能人才队伍建设与发展成为举国的意志与战略之一。

习近平总书记强调，劳动者素质对一个国家、一个民族发展至关重要。技术工人队伍是支撑中国制造、中国创造的重要基础，对推动经济高质量发展具有重要作用。党的十八大以来，党中央、国务院健全技能人才培养、使用、评价、激励制度，大力发展技工教育，大规模开展职业技能培训，加快培养大批高素质劳动者和技术技能人才，使更多社会需要的技能人才、大国工匠不断涌现，推动形成了广大劳动者学习技能、报效国家的浓厚氛围。

2019 年国务院办公厅印发了《职业技能提升行动方案（2019—2021 年）》，目标任务是 2019 年至 2021 年，持续开展职业技能提升行动，提高培训针对性实效性，全面提升劳动者职业技能水平和就业创业能力。三年共开展各类补贴性职业技能培训 5000 万人次以上，其中 2019 年培训 1500 万人次以上；经过努力，到 2021 年底技能劳动者占就业人员总量的比例达到 25% 以上，高技能人才占技能劳动者的比例达到 30% 以上。

目前，我国技术工人（技能劳动者）已超过 2 亿人，其中高技能人才超过 5000 万人，在全面建成小康社会、新兴战略产业不断发展的今天，建设高技能人才队伍的任务十分重要。

机械工业出版社一直致力于技能人才培训用书的出版，先后出版了一系列具有行业影响力，深受企业、读者欢迎的教材。欣闻配合新的《国家职业技能标准》又编写了"国家职业技能等级认定培训教材"。这套教材由全国各地技能培训和考评专家编写，具有权威性和代表性；将理论与技能有机结合，并紧紧围绕《国家职业技能标准》的知识要求和技能要求编写，实用性、针对性强，既有必备的理论知识和技能知识，又有考核鉴定的理论和技能题库及答案；而且这套教材根据需要为部分教材配备了二维码，扫描书中的二维码便可

目录

项目 2
原料分档与切配

项目3
原料预制
加工

项目 4
菜肴制作

项目1

原料初加工

▼ ▼ ▼

原料初加工
- 鲜活原料初加工
  - 果蔬类原料初加工技术要求
  - 家禽类原料初加工技术要求
  - 鱼类原料初加工技术要求
- 加工性原料初加工
  - 加工性原料品质鉴定
  - 水发加工的概念及技术要求
  - 冻结和解冻
  - 加工性原料清洗加工技术要求

烹饪原料在正式烹饪之前，都需进行初加工处理，比如清洗、宰杀、涨发等，经过初加工，可以使菜品更加符合卫生要求、符合烹饪加工需求，利于原料成熟、入味等。

1.1 鲜活原料初加工

1.1.1 果蔬类原料初加工技术要求

1. 根据果蔬种类和食用部位合理加工

果蔬种类不同，食用部位也不同，因此应采用不同的初加工方法，去除不可食用的部位。如鲜果一般需去外皮，叶菜类需摘除老叶、黄叶、枯叶等，鲜笋需剥去外壳，莴笋需削去外皮等。

2. 采用正确的洗涤方法

果蔬外表有很多杂质污物，如虫卵、泥沙等，因此不同种类果蔬要采用不同的洗涤方法。

1）针对部分不去皮直接食用的鲜果和蔬菜，要用淡盐水、宽水浸泡，反复冲洗，彻底去除表面的污物。

2）对于含有虫卵的蔬菜，必须摘除虫卵后，用清水或淡盐水浸泡，再反复冲洗干净。

3）有条件的还可将洗涤后的果蔬放在用臭氧发生装置制作的水中浸泡，可延长果蔬的保鲜时间。

4）果蔬洗涤干净后，要盛放在干净的器皿中，防止二次污染。

3. 根据菜品要求合理加工

菜品设计对果蔬初加工提出了不同要求，同一种果蔬在初加工时方法也不尽相同。如雪梨燕窝，雪梨作为盛器加工时需去核去皮，橙子、金橘南瓜作盛器时就不需去皮。

4. 合理利用、减少营养素流失

1）科学加工，先洗后切。蔬菜中水溶性维生素 C 等，初加工时容易流失，因此，需先将蔬菜清洗干净后再进行刀工处理。

2）蔬菜加工过程中要合理利用可食用部位，如芹菜、莴笋摘洗后的叶子，其营养价值远高于茎，可制作成炒、拌、蒸和汤等菜肴。

3）切后即烹、否则蔬菜创面过久暴露于空气中，发生氧化，影响色泽与营养。

5. 鲜果类初加工

鲜果通常指水果，分为梨果、核果、瓠果、浆果、柑果等。

1）大多数鲜果中含有酚类物质、鞣酸等，去皮后容易氧化变色。因此此类水果去皮后需用淡盐水、柠檬水、白醋等浸泡，防止褐变。

2）大多数鲜果无须去皮，可直接食用，此类鲜果需用盐水、苏打水浸泡，超声波清洗后再反复冲洗干净，如樱桃、草莓等。

6. 根菜类蔬菜初加工

根菜类原料指以植物膨大的根部为食用部位的蔬菜。

1）部分根菜类原料含有少量鞣酸，去皮后容易氧化变色。因此，此类原料去皮后应立即浸泡在清水中，防止变色。

2）大多数根菜类原料初加工时去皮即可。

7. 茎菜类蔬菜初加工

茎菜类蔬菜指以植物嫩茎或变态茎作为食用部位的蔬菜原料，可分为地上茎和地下茎两类。

1）大部分地上茎类蔬菜初加工时需去除老根，如莴笋、竹笋、芦笋、茭白等。

2）部分地下茎类蔬菜初加工时需去皮后浸泡在水中，防止褐变，如土豆、慈姑、荸荠、藕等。

3）茎菜类原料焯水加工时一般采用冷水入锅的方法。

8. 叶菜类蔬菜初加工

叶菜类蔬菜指以植物肥嫩的叶片和叶柄作为食用部位的蔬菜。常见的叶菜类蔬菜有小白菜、大白菜、生菜、荠菜、苋菜、菠菜、茼蒿等。

1）此类原料初加工时常用的方法是摘剔，摘去老根、黄叶、枯叶，剔去泥土和杂质等。

2）对于直接生食的叶菜类蔬菜，需要盐水或其他果蔬洗涤剂清洗，一定要控制浓度和浸泡时间，并且需反复清洗干净，方可食用。

9. 花菜类蔬菜初加工

花菜类蔬菜是以植物花的各部分作为主要食用对象。如花椰菜（菜花）、西蓝花、菊花、玫瑰、桂花等。

1）部分花菜类蔬菜直接清洗干净即可，但黄花菜含有秋水仙碱，初加工时必须焯水去除或用其干制品加工烹调。

2）对于食用花可采用淡盐水、苏打水清洗。

10. 果类蔬菜初加工

果类蔬菜是指以植物果实或幼嫩种子作为食用部位的蔬菜。根据食用果实构造特点不同分为瓜类、茄果类、豆类。

1）果类蔬菜初加工时根据烹调需求，大多数需去皮处理，但有些果类蔬菜去皮不去蒂，有的不去皮，但要去子瓤等。

2）西红柿采用沸水烫皮的方法去皮。

11. 菌类原料初加工

菌类原料是指以菌类伞冠部、子柱部为食用部位的蔬菜，如黑木耳、银耳、羊肚菌、猴头菌、香菇、口蘑等。菌类原料的初加工主要是去除杂质和子柱下部的老根。此外，在清洗菌类原料时要注意保持原料的完整性。

12. 藻类原料初加工

藻类蔬菜是指自然界中自养的原体植物。如海带、紫菜、海藻等。清洗藻类蔬菜时应尽量保持其料形的完整。此外，在清洗海带时可先用热水浸泡 2~3 小时后再洗净泥沙。

1.1.2 家禽类原料初加工技术要求

1. 家禽宰杀必须割断气管、血管，放尽血

割断气管的目的是使家禽能够很快死亡，割断血管的目的是使家禽血液迅速放尽，获得质量好的禽肉，若血液放不尽，会使家禽肌肉淤血，肉质颜色发红，影响菜肴成品色泽和口感。

2. 掌握好烫毛的水温和时间

家禽烫毛与其品种、老嫩及季节等因素相关。具体操作时应掌握以下原则。

1）鸭、鹅等体型较大的家禽，浸泡时间要长些，烫毛的水温要高些；鸡、鸽子等体型较小的家禽浸泡时间要短些，烫毛水温要低些。

2）饲养时间长的家禽烫毛水温要高些、浸泡时间要长些；饲养时间较短的家禽则反之。

3）冬季温度低，烫毛的水温要高些，时间要长些，夏季则反之。

4）家禽烫毛的用水量以淹没家禽本体为宜。

3. 煺尽禽毛，清洗干净

家禽煺毛时，要掌握好合适的方法，以禽毛从大到小为准则，对于有很多绒毛的家禽，必须耐心细致，一定要用镊子仔细去除干净，切记不可用拔毛剂。家禽宰杀后必须反复冲洗，清洗干净方可使用。

4. 物尽其用

家禽初加工过程中应做到物尽其用，除胆囊、嗉囊、气管、淋巴等必须丢弃，其余各部分均可利用。

5. 禽类的开膛及整理方法

禽类开膛视菜肴要求而定，主要有腹开、背开、肋开 3 种，无论哪种方法，必须将所有内脏全部掏出，然后进行分类整理，掏出内脏时要小心，不能弄破胆、肝、肠道和其他内脏，以免给清洗工作带来麻烦。另外，鸡肺部一定要清理干净，否则会影响汤汁质量。

（1）**腹开法**　腹开法是从禽类胸骨以下，在肛门与肚皮之间横切一条 6 厘米左右的刀口，将内脏掏出，挖去肺部，洗净腹内血污。

（2）**背开法**　背开法是用刀沿脊背骨从尾部剖至颈部，翻开刀口取出内脏，清洗干净。此方法主要用于整只家禽的制作，如清蒸鸡、扒鸭等。

（3）**肋开法**　肋开法是将家禽侧放，右翅向上。左手按稳禽身，用刀从贴近翅骨的右腋下开一刀口，再伸入右手将内脏轻轻拉出，用清水反复冲洗干净。

6. 合理使用下脚料

家禽在初加工时会产生下脚料，这些下脚料大多数都能食用（除嗉囊、气管、食管、胆囊等）。充分利用这些原料，制作出风味独特的菜肴是必须掌握的烹饪技能。因此，在初加工时，要学会如何处理这些下脚料。

（1）**肠**

1）将肠理直，去掉肠边的两条白色胰脏。

2）用剪刀剖开禽肠，洗净污物。

3）取一碗，放入盐、醋、禽肠反复搓洗，直至去除肠壁上的黏液和异味。

4）用清水将禽肠反复冲洗干净即可。

（2）**肫**

1）割去前段食管及肠，剖开肫，除去污物。

2）剥除肫内壁黄皮和外表筋膜。

（3）**肝**

1）摘除附着在肝脏中的胆囊。

2）将肝脏局部的黄色、白色或硬块部分去除干净。

3）用清水冲洗干净即可。

注：去胆囊时不能将其碰破。

（4）**血**

1）家禽宰杀前，应备盛器，加入少量清水和食盐，宰杀时，滴入禽血，放尽血后，用筷子搅拌，使水、盐、禽血混合均匀，待其凝固后待用。

2）将已凝固的血块放入冷水锅中，小火加热，并保持水温在 90℃ 左右，慢慢养熟。也可用小火蒸熟。

（5）油脂 家禽体内的油脂，味道鲜美，在烹调中应用广泛。油脂的加工方法有煎熬法和蒸制法两种。

1）煎熬法 将禽类油脂洗净后改刀，入锅中加葱、姜，用小火熬制，待油脂由固体变为液体，色泽透明变清时即可。

2）蒸制法 将禽类油脂洗净后改刀，放入碗内，加葱、姜，上笼蒸至油脂熔化，去掉葱、姜即可。

1.1.3 鱼类原料初加工技术要求

鱼类原料资源丰富，品种繁多，从生长环境来看可分为淡水鱼和海水鱼，从体表结构来看可分为有鳞鱼和无鳞鱼，初加工方法也因具体品种和菜品要求不同而有差异。归纳起来有两类，即体表加工和内脏加工。其加工工序：去鳞或黏液→开膛→去内脏→清洗。

1. 有鳞鱼初加工

有鳞鱼类水产品在正式烹调之前都需经过初加工处理，如宰杀、刮鳞、去鳃、取内脏、清洗等。但具体的初加工方法也要结合菜品设计和烹调要求。

（1）卫生要求 有鳞鱼水产品初加工，除应根据烹调要求去除不宜食用的部分（鱼鳞、鱼鳃、内脏等）外，更要符合厨房管理要求，满足食品卫生要求，从而保证菜肴质量和消费者权益。

（2）根据品种加工 有鳞鱼水产品因品种不同，其加工方法也略有差异。对于绝大多数有鳞鱼来说，初加工步骤基本都是刮鳞、去鳃、取内脏、洗涤等，但有极少部分有鳞鱼是不需要刮鳞的，如鲥鱼等。

（3）根据菜品设计要求加工 同一种有鳞鱼，因其不同的菜品设计要求，初加工的方法也不尽相同。如黄鱼（中等体型）在加工成红烧、清蒸等菜品时，初加工和正常的有鳞鱼的方法相同，但如果制作成灌汤黄鱼时，黄鱼的骨头、内脏必须从鳃部取出，以保持鱼形完整，便于烹调。另外，在烹调整鱼出骨的菜品时也同此方法。

（4）小心加工 鱼类内脏中胆汁的味道苦涩，初加工时切忌弄破胆囊。弄破胆囊，胆汁会渗入鱼肉，影响菜肴的味道。如果弄破，用醋进行清洗，以减轻鱼肉的苦涩味。

（5）合理用料、减少浪费 根据菜品的要求，鱼类可以初加工成片、丝、丁等各种形状，一条完整的鱼经过初加工后就会有一些下脚料（针对单个菜品）。而作为厨师，要根据这些下脚料的特性，设计一些菜品，减少原料的浪费。淮扬菜"将军过桥"是将一条黑鱼做成两道菜肴，鱼片滑炒成菜，其余原料煲成浓汤。

2. 无鳞鱼初加工

无鳞鱼和有鳞鱼初加工的方法和要求比较类似，比有鳞鱼少个刮鳞的步骤。但是由于无鳞鱼的体表黏液腺比较发达（如鳗鱼、黄鳝等），往往黏液腺腥味较重，且黏滑，不利于初加工和烹调。所以要彻底去除表面的黏液。其方法有两种：搓揉法和熟烫法。

（1）**搓揉法**　对于一些炒制的菜品，要求生取无鳞鱼肉，如生炒蝴蝶片、XO 酱爆白鳝等，去黏液时应该将无鳞鱼去骨后，放入盛器内，加盐、醋进行揉搓，然后再用水冲洗干净即可。

（2）**熟烫法**　熟烫法就是将无鳞鱼体表的黏液用热水冲烫，使黏液凝结，再去除干净，适用于红烧、炖等烹调方法。烫制时水温的掌握应该根据无鳞鱼的体型来选择，体型较大的无鳞鱼，温度可以稍高，反之则温度低些。另外，对于一些特殊烹调方式的菜品，如江苏名菜炒软兜、响油鳝糊等，要求将黄鳝烫制成熟。处理时既要控制好温度，又要控制好时间，从而使初加工的半成品符合烹调要求。

技能训练 1　青菜的品质鉴别、选择及清洗加工

1. 青菜的品质鉴别、选择

（1）**色泽**　新鲜的青菜色泽鲜艳、光泽度高；反之，质量较次的青菜，受到光、热等外界条件影响后发生变色反应，色泽较差，光泽度也差。

（2）**形态**　新鲜的青菜形态完整、饱满，无干瘪、破裂等现象。新鲜的青菜含水量高，采摘后对保存条件要求较高，如不妥善贮藏，很容易出现变色、腐烂、黄叶等现象。

（3）**病虫害**　科学的种植方式可以有效减轻病虫的危害，市场销售的青菜有虫蛀、虫眼的情况不多，所以在选择时，尽量不要选择虫蛀、虫眼过多的青菜。

2. 青菜的清洗加工

（1）**摘剔、整理**　新鲜青菜品质好坏取决于采摘方式和市场销售流通前的加工方式，部分新鲜青菜无须摘剔、整理；但有部分青菜购进时，带有黄叶、老叶、污物、杂草、泥沙等，须摘剔出不可食用的部分。即用手瓣掉最外层的老叶、黄叶、枯叶，摘除老根即可。

（2）**清洗**　将摘剔、整理好的新鲜青菜用清水冲洗。清洗时，应根据季节、用途的不同，采取不同的清洗方式。分别有冷水洗涤、盐水洗涤。

1）冷水清洗。将摘剔、整理后的青菜在清水中浸泡、清洗，以除去泥沙等污物。根据具体情况，反复冲洗，直至干净为止。如有条件，可以适当延长青菜在水中的浸泡时间。最后将洗干净的青菜置于清洁的盛器中沥水。

2）盐水清洗。此方法适用于夏秋两季上市的新鲜青菜。此季节的青菜表面可能带有一些虫卵或蚜虫，如使用冷水清洗很难将其洗去。须采用盐水清洗，由于盐水有渗透压的作用，使虫卵等吸盘收缩、脱落。具体的清洗方式为：将摘剔、整理后的青菜放入 2% 浓度的食盐溶液中浸泡 5 分钟，然后取出用清水反复冲洗干净。

技能训练2　鸡的宰杀、煺毛、开膛取内脏及清洗整理加工

工艺流程：宰杀→放血→烫毛→煺毛→开膛→整理→清洗

1. 宰杀、煺毛

（1）宰杀、放血

1）宰杀前准备一个盛器，放入适量的清水和少许食盐，以备盛装鸡血用。

2）宰杀时左手虎口握住鸡翅，手背紧贴鸡脊背部，小指钩住鸡右腿，再用拇指和食指捏住鸡颈皮，向后收缩，露出血管和气管。

3）用右手拔去颈部处鸡毛，用刀割断血管和气管。右手捏住鸡头使其垂下，左手抬起鸡身，使鸡血流入准备的盛器内，放尽鸡血，并将鸡血调匀。

（2）烫毛、煺毛

1）待鸡停止挣扎后10分钟再进行烫毛、煺毛处理，水温65~80℃（夏季65~70℃，春秋季70~75℃，冬季75~80℃），先烫双脚，去除爪皮，再烫鸡头，剥去鸡喙壳，再烫鸡尾、鸡翅膀和其他部位。

2）煺毛次序：先用顺拔的手法，煺去鸡尾部和翅膀的粗毛，再用倒推的手法煺去胸部、背部和腿部的厚毛，最后煺细毛成光鸡。

2. 开膛、整理、清洗

鸡宰杀完后，需根据烹调方法和菜品设计的要求选择开膛的方法，有3种开膛取内脏的方法。

（1）腹开法

1）首先在鸡的颈部右侧脊椎骨处竖开一刀，取出嗉囊和气管。

2）在肛门与肚皮之间横切一条6厘米左右的刀口，将手伸进腹腔，撕开内脏与鸡身粘连的膜，掏出内脏，挖去肺部，洗净腹内血污。

3）将鸡身内外清洗干净即可。

（2）背开法

1）首先在鸡的颈部右侧脊椎骨处竖开一刀，取出嗉囊和气管。

2）将鸡置于砧板上，鸡头朝向自己，鸡背向右，从鸡尾尖处下刀，用刀沿脊背骨从尾剖至颈部，翻开刀口取出内脏。

3）将鸡身内外清洗干净即可。

此方法主要用于整只家禽的制作，如清蒸鸡、扒鸭等。

（3）肋开法

1）首先在鸡的颈部右侧脊椎骨处竖开一刀，取出嗉囊和气管，将食指从鸡的肛门伸入肠

道内，翻转食指使肠子固定在指尖，用力往外扯断肠子。

2）在鸡贴近翅骨的右肋下开4厘米左右的刀口，伸入食指，用食指探摸到鸡肫后，用食指把鸡肫上端的食道缠住，缓慢用力从刀口往下拉。拉至肠嘴脱离颈部时，慢慢将肝、肠、内脏逐一取出。当拽出肝脏块时，用手指下压刀口，以便顺利将肝、胆一同取出。

3）最后，伸进食指掏出肺脏，并将鸡身内外冲洗干净。

3. 整理，清洗下脚料

将鸡血用小火低温养熟；鸡肫剖开，去黄皮清洗干净；鸡肝取出不可食用部分后清洗干净；鸡油加葱姜炼制成液体即可。

技能训练 3　鲫鱼的清洗整理加工

工艺流程：刮鳞→去鳃→去内脏→清洗

1. 刮鳞

将鲫鱼平放，鱼头朝左，鱼尾朝右，左手按住（捏住）鱼头，右手持刀，从尾部向头部刮过去（或者，用刀背前端，刀和鱼成30度夹角，向鱼头方向推进），将鱼鳞刮净。

2. 去鳃

将鲫鱼的腮盖掀起，用手指或工具去除两侧鱼鳃。

3. 去内脏、清洗

鲫鱼去内脏的方式有两种，分别是腹开和背开。

（1）腹开　将鲫鱼置于砧板上，鱼尾靠近自己，鱼头朝外，鱼腹朝右，与自己垂直，用刀从鲫鱼胸鳍前端向后划开，剖开鱼腹，取出内脏和黑膜，用水冲洗干净即可。

（2）背开　将鲫鱼置于砧板上，鱼尾靠近自己，鱼头朝外，鱼背朝右，与自己垂直，用刀从鲫鱼头与脊背的连接处1厘米的位置下刀，向尾部方向剖开，开口大小根据烹调的要求而定，一般5厘米左右（荷包鲫鱼），以能掏出内脏为佳，取出内脏和黑膜，用水冲洗干净即可。

1.2 加工性原料初加工

加工性原料主要包括干货原料、腌制原料、保鲜及冷冻原料、调味原料等。其中干货原料主要包括各种干制品，如海参、鲍鱼等；腌制原料主要包括火腿、咸肉、海蜇头等；保鲜及冷冻鱼类主要包括各种保鲜原料和冻品，如冻带鱼、冻黄鱼等；调味原料主要包括各种调味品。

1.2.1 加工性原料品质鉴定

1. 干货原料品质鉴定的内容

（1）了解产地、品种　干货原料是将新鲜原料脱水制成的干制品，新鲜原料的产地对干货原料品质影响较大，产地较好的干货原料品质较好，如日本、澳洲的鲍鱼品质较高。

（2）熟悉味道　大多数干货原料有其自身的味道，海鲜干制品有其独特的腥味等，也有的夹杂着酸味、腐败味。产生这些味道的原因：一是干制过程中加工不彻底，水分未能达到干制品的要求（一般干货原料的水发含量控制在3%~10%），二是贮藏过程中受潮或接触霉菌微生物。

（3）色泽鉴别　干货原料表面有其固有的颜色，但随着时间的延长，颜色会有些变化，鲍鱼表面的白霜证明存放时间较久。另外，在贮藏过程中，容易受到潮湿、虫蛀、霉变等影响，使干货原料失去其原有的光泽。

（4）形态鉴别　品质优良的干货原料要求形态完整，有些干货原料以大小来区分品质的高低，如"有钱难买两头鲍"说明了"两头鲍"的稀缺。散翅和碎燕相对价格较低，品质稍差。另外，对于一些植物性干货原料，其形态完整性受到生产、运输、贮藏等影响。

2. 常用干货原料鉴定方法

（1）鲍鱼（图1-1）　鲍鱼从体型大小来看，个体较大者质量较好，价格较高。另外，鲍鱼的产地和质量也密切相关，日本、澳洲的鲍鱼相对品质较好，中国产的鲍鱼大连的品质相对较好。

图1-1　鲍鱼

质量好的干鲍鱼较干燥；形状完整、裙边完整无缺、立体清晰可见；大小均匀；灯光下，色泽淡黄、呈半透明状；微有香气，水发后呈淡黄色、肥厚嫩滑、味道鲜美者为佳。吉品鲍的颜色则偏红。颜色较深的鲍鱼是因陈年较久氧化而成，价格较为昂贵。如果表面有一层淡淡的白霜，是盐分析出的象征，说明年份较久。

鲍鱼的好坏还与其干制的工艺密切相关，就干制工艺来说，日本的工艺较好，其"溏心"干鲍的价格相对较高，"溏心"是指鲍鱼经干制、涨发后，将其煮至中心部分黏软，呈不凝结的半液体质地。入口时柔软有韧性，中心还带有少许粘着牙齿的感觉，越嚼越香，满口鲜美。

（2）**海参**　海参以体壁为食用部位。海参的种类较多，选择海参时，应以个体饱满完整、质重皮薄、肉壁肥厚、涨发率高、水发后糯而滑爽、有弹性、质地细腻者为好；凡体壁瘦薄、涨发率低且有碱味者较差。海参质量的好坏与其产地、干制工艺有直接关系，一般日本的干制海参工艺较好，品质也相对好些。图 1-2 为干海参，图 1-3 为泡发海参。

图 1-2　干海参　　　　　　　　　　　　　　图 1-3　泡发海参

（3）**鱼肚**　即鱼鳔，是鱼的沉浮器官，经剖制晒干而成。在干制的鱼肚中，以黄唇肚质量最好，但产量稀少；以鳗鱼肚质量最差，其余各种鱼肚质量较好。鱼肚的质量以板片大、肚形平展整齐、厚而紧实、厚度均匀、色淡黄、洁净、有光泽、半透明者为佳。板片小，边缘不整齐，厚薄不均匀，色暗黄、无光泽，有斑块者质量较差。图 1-4 为干鱼肚。

（4）**鱼唇**　用鲨鱼、鲟鱼等鱼的唇部加工而成，常见的为干制品。质量以体大、洁净、无残污水印、有光泽、迎光时透明面积大、质地干燥者为佳，以犁头鲨唇为最好。

（5）**鱼骨**　又称明骨、鱼脆、鱼脑，用鲨鱼和鳐鱼的软骨，以及鲟鱼和鳇鱼的鳃脑骨等加工而成，多为干制品。常见的鱼骨是用姥鲨的软骨加工而成。长形鱼骨为长约 15 厘米的长方条，方形鱼骨为 2~3 厘米见方的扁方块，白色或米黄色，呈半透明状，坚硬有光泽。鱼骨的质量以均匀完整、坚硬壮实、色泽洁白、半透明、洁净干燥者为好。其中鲟鱼和鳇鱼的鳃脑骨较好；鲨鱼和鳐鱼的软骨质薄而脆，质量较差。

图 1-4　干鱼肚

（6）蹄筋　用有蹄动物蹄部的肌腱及相关联的关节环韧带制成的干制品，有猪、牛、羊之分。干蹄筋质量以干燥、透明、白色为佳。通常后蹄筋优于前蹄筋。图 1-5 为羊蹄筋。

图 1-5　羊蹄筋

（7）鱼干　鱼干的品质鉴别可从以下 4 个方面进行。

1）色泽。应具有制品特有的色泽，体表洁净干燥、无盐霜者为上品；肉质发灰、暗淡有血污、水分不干者品质较差。

2）气味。具有独特的香味，如有酸味、腐败味或脂肪酸败者品质较差。

3）外观。体型完整、无破碎、无裂纹为上品。

4）干度。鱼干最高的含水量不能超过 25%，盐制鱼干最高含水量不能超过 40%。

（8）燕窝　真假燕窝的鉴别：一看，燕窝应该为丝状结构，由片块结构构成的不是真燕窝，纯正的燕窝无论在浸透后或在灯光下观看，都呈半透明状；二闻，真燕窝闻起来有股淡淡的腥味（鸟骚味），或者淡淡的木霉味；三泡，燕窝用水泡软后，取其丝条拉扯，弹性差，一拉就断肯定是假货，用手指揉搓，没有弹性能搓成浆糊状的也是假货；四炖，真燕窝炖制后有股蛋白质的清香扑鼻而来，而假燕窝则不具备。图 1-6 为泡发燕窝。

图 1-6　泡发燕窝

燕窝的品种较多，以窝形完整、窝碗大而肥厚、色泽洁白、半透明、底座小、燕毛少者为上品。其分类及质量特点如下：

1）官燕。官燕是历代宫廷的贡品，是燕窝中质量最好的一种，其特点是色洁白、晶亮、半透明、无燕毛等杂质、无底座，形似碗，略呈椭圆形。

2）龙芽燕。龙芽燕呈长碗形，似龙芽，色洁白，稍带毛，有小底座，坠角较大，边厚整齐。

3）暹罗燕。暹罗燕产于泰国暹罗湾，形似龙芽燕，但较高厚，底座不大，有小坠角，色白，稍有燕毛。

4）血燕。血燕形同暹岁燕，含有矿物质铁因而色泽发红。

5）毛燕。因燕毛过多而得名，形同龙芽燕，色泽暗黑，有底座，底色发红，品质次。

（9）**木耳**　又称黑菜，状如耳朵，系寄生于枯木上的一种菌类，褐色，湿润时呈半透明状，干燥后为革质。木耳的主要产区有湖北、四川、陕西、河南等省，湖北的产量最大，以保康、南漳所产质量最好。

木耳分为三个等级。一级品：色黑亮，肉厚，朵大，质嫩，身干，无杂质，无碎屑，无霉烂；二级品：色黑，身干肉厚，朵略小，质嫩，有少许黄瓢，耳根、棒、皮不超过 2%；三级品：色黑朵小而稍碎，质嫩，肉薄，无霉烂，耳根、棒、皮、杂质不超过 3%。

（10）**银耳**　又称白木耳，主产于我国四川、贵州、湖北、陕西等地，以四川的通江、万源等地产量大、质量好。银耳有生货和熟货之分，生货是晒干或烤干后的原货，外表色暗，韧性差。熟货是经过加工炮制过的，色泽鲜亮，有油光润，韧性较强。银耳以色泽黄白、鲜洁发黄、朵形似梅花、无斑点杂质、无碎渣、带韧性为熟货上品；生货除颜色较暗，其他的同熟货一样的标准。

3. 腌腊制品品质鉴定

（1）咸肉 以鲜肉为原料经过干腌或湿腌加工而成的制品。优质的咸肉外表干燥清洁，呈苍白色，无霉菌，无黏液，肉质坚实紧密，有光泽，瘦肉呈粉红色、胭脂红或暗红色，肥膘呈白色，切面光泽均匀，质坚硬，有正常的清香味，煮熟时具有腌肉香味。劣质的咸肉表面滑软黏糊，皮层覆盖如豆腐渣，肉质结构疏松，无光泽，切面为暗红色或灰绿色，肉色不均匀，有严重的酸臭味、腐败味或油哈味，不可食用。

（2）火腿 火腿（见图1-7）是以猪后腿为原料，经修坯、腌制、洗晒、整形、陈放发酵等工艺加工成的腌制品。其中以浙江金华火腿、江苏如皋火腿、云南宣威火腿最为著名。

图1-7 火腿

火腿要求皮肉干燥，肉质坚实；皮薄爪细，爪弯腿直；形状呈琵琶形或竹叶形，完整匀称；皮色棕黄或棕红，无猪毛；具有火腿特有的香味，无显著哈喇味；切开瘦肉层厚，为鲜红色；肥肉层薄，为蜡白色。

（3）腊肉 用鲜猪肉切成条状腌制后经烘烤或晾晒而成的肉制品。因民间一般在农历十二月（腊月）加工，故称腊肉，利用冬天特有的气候条件促进其风味形成。优质的腊肉，色泽鲜明，肌肉呈鲜红色或暗红色，脂肪透明或呈乳白色，肉身干爽，肉质坚实有弹性，指压后不留明显压痕，具有腊制品固有风味；劣质的腊肉肉色灰暗无光，脂肪呈黄色，表面有明显霉点，肉质松软无弹性，指压痕不易复原，带黏液，脂肪有明显酸味或其他异味，不能食用。

1.2.2 水发加工的概念及技术要求

1. 水发加工的概念与分类

以各种温度的清水、浑水（如米汤）浸涨干料的过程叫水发。水发是最基本、最常用的涨发方法，有的干料经过油发或火发后，也须经过水发的过程。正因如此，习惯上将发料统称为"泡发"。水发加工分为冷水发、温水发、热水发。

（1）水发加工分类

1）冷水发。冷水发是指用室温的水，将干货原料直接浸入冷水中涨发的过程，主要适用于一些植物性干货原料，如木耳、香菇等。

2）温水发。温水发是指用60℃左右的水，将干货原料静置涨发的过程。部分干制原料用温水发要比冷水发速度快。特别是在冬季或急用原料的时候可以采用这种涨发方法。

3）热水发。把干货原料直接放入热水中，浸泡或继续加热，使原料加速吸收水分恢复原有的感官状态，可分为泡发、煮发、焖发和蒸发4种。

（2）水发加工原理

1）吸附作用。原料在干制时由于水分的失去会形成多孔状，浸泡时水会沿着原来的孔道进入干料体内，这些孔道主要由生物组织的细胞间隙构成，呈毛细血管状，具有吸附水并保持水的能力。

2）渗透作用。渗透作用就是溶液与纯溶剂在相同的外压下由半透膜隔开时，纯溶剂能透过半透膜使溶液变淡现象。

原料细胞中的细胞膜就是一层半透膜，在原料干制中细胞的大量失水，细胞内干物质浓度增大。当重新与水接触时，因细胞外的浓度小于细胞内的浓度，形成细胞内外不同的渗透压，细胞外水分向细胞内渗透，使干料大量吸水，直到细胞内外的渗透压达到平衡。

同时，蛋白质结构中含有大量的亲水基团，也会和水分子形成弱键，使大量水分子进入蛋白质分子间隙中，引起干货原料吸水膨胀，重新变软而有弹性。

热水涨发和冷水涨发有相同的原理，此外，热水涨发还利用热传导作用，促使干货原料体内分子加速运动，加快水分吸收。

2. 水发加工的技术要求

（1）冷水发、温水发

1）浸（泡）发。浸发就是把干货原料用冷水或温水浸泡，使其慢慢涨发。浸发的时间要根据原料的大小、老嫩和松软（坚硬）的程度而定，质地硬、体型大的干料，浸发时间要长，有时中途还须换水，质地嫩、体型小的干料反之。

2）漂发。漂发是把干货原料放入冷水或温水中，一般要用工具或手不断挤捏或使其漂动，以将原料的异味或泥沙等杂质漂洗干净。漂发需要多换几次水。

3）辅助涨发

① 质地干老、肉厚皮硬或夹沙带骨的干货原料，以及腥膻味较重的干料，在用热水涨发之前，都应用冷水涨发初加工后再进行发制。

② 热水发料后仍带异味，或经过碱发、盐发、油发的干料，经热水烫洗后仍需用冷水浸泡或漂洗，以除尽其异味。

（2）热水发

1）泡发。泡发是指将干料放入热水中浸泡（不再继续加热），使其慢慢泡发涨大。此方法多用于体型较小、质地较嫩的干货原料，如粉条、腐竹、虾米等。

2）煮发。煮发是将干货原料放入水锅中加热，使水温由低到高至沸腾的过程，主要用于体型较大而厚重或特别坚韧的干货原料，如海参、牛蹄筋等。运用这种方法涨发时，往往要换水多次煮发。

3）蒸发。蒸发是将干货原料放入容器中，利用蒸汽加热涨发的过程，分为干蒸和带水蒸。蒸发能有效保持干货原料形状完整、味道鲜美，如干贝、燕窝等。

4）焖发。焖发是将干货原料置于保温的密封容器中，并保持一定的温度，不再继续加热。另一种情况是将干货原料入冷水中加热至沸，然后关火闷制，待水温冷却后，继续开火加热至沸腾，关火闷制，如此反复。

热水发可以根据原料的性质，采用不同的水温和涨发形式，从而获得较好的涨发效果。因此，热水涨发方法是被广泛应用的涨发方法之一，适用于大部分肉类及山珍海味干制品。由于这些原料的种类、性质各不相同，因此，热水涨发的具体操作方法也是繁简不一，一般有一次性发料和多次反复发料两种情况。

一次性发料即仅经过一次热水涨发过程就可以达到要求的发料方法。如银鱼、香菇、粉丝、干笋等，只要加上适量开水泡一定时间，即可发透。又如干贝、哈士蟆等先用冷水浸泡数小时后，再上笼蒸即可达到酥软的要求。

多次反复发料即要求经过几次热水涨发过程才能达到要求的发料方法。一些体质坚硬、老厚、带筋、夹沙或腥臊味较重的原料，都要经过几次泡、煮、焖等热水涨发过程，如海参、鱿鱼等。

1.2.3　冻结和解冻

1. 冻结

随着餐饮业需求的多元化和食品工业的迅速发展，烹饪原料经过分割、清洗的冷冻原料在烹饪中被广泛运用，如冷冻鸡腿、鸭胸等。这些冷冻食品经过卫生加工处理，既加快了烹饪速度，又保证了厨房的卫生。

（1）鱼类原料冷冻技术要求　鱼类的冷冻方法根据鱼体的大小选用不同的方法，具体如下。

1）体型较大的鱼可单独冷冻，将鱼置放在 −18℃下速冻后放入冷水盆中沾水，使之迅速在鱼体表面形成一层薄冰，有利于鱼体保鲜。

2）体型较小的鱼可以装盘加水冷冻。

（2）禽类原料冷冻技术要求　关键在于冷冻前先把禽体降温。冻制时将原料放入 −32℃ 的冰库中速冻 10 小时，然后取出放入 −18℃ 的冰箱中贮存。另外，也可将禽类分割后冷冻。

（3）畜类原料冷冻技术要求　要求和禽类类似，在冷冻前也必须使畜体降温然后再冷冻。另外，由于畜体体型较大，可以分割后再冷冻，按照原料的部位冷冻。

2. 解冻

冻结的原料必须经过解冻后才能进行烹饪加工，科学的解冻方式对烹调及菜品品质影响较大。解冻方法不当，不仅会使营养和风味物质流失，还会污染原料。

食品解冻的目的是使食品温度回升到必要的范围，最大限度地恢复原料本身的性质。食品在冻结和解冻过程中，易发生水的膨胀、组织收缩、蛋白质变性、微生物繁殖、干燥等，这些会影响到成品率和品质。

解冻一般发生的变化是：由于冰晶体对肉质的损伤，在解冻时变得易受微生物及酶的作用、易受空气氧化、水分易于蒸发，以及发生汁液流失现象，在水中解冻还会发生水溶性物质的溶出和水分渗入。因此，掌握正确的解冻方法对保护原料的品质和风味有重要作用。

解冻一般有解冻和回温之分。解冻是指冷冻物料的温度处于冰晶完全消失以上的温度；而回温是指温度在冰点以下，冷冻物料内部还有部分冰晶存在的状态，肉的回温温度一般为 −2~7℃。从供热的方式来看，解冻分为两类：一是温度较高的介质向冻品表面传热，热量由表及里逐步向中心传递，即外部加热法，主要有空气解冻、水解冻、水蒸气解冻等；二是高频、微波、通电等加热方法，使冻品各部位同时加热，即内部加热。

（1）解冻的方式

1）室温解冻。室温解冻是将冻品原料放在 20~25℃ 的室内或相关环境下解冻。此解冻法汁水损失较大，解冻后的原料颜色变淡，风味稍减。

2）流水解冻。流水解冻就是用流动的自来水冲淋冻品，使原料逐渐解冻。此法比室温解冻速度较快，是室温解冻速度的 10~15 倍，在较低的温度下也有较快的解冻速度。没有酸化和干燥的问题，但会因裸露的表面吸收水分造成营养素的流失。解冻用的水也有被微生物污染的危险。此方法多用于水产品解冻。

3）蒸汽解冻。蒸汽解冻有常压式和减压式两种。常压高温蒸汽解冻时间短，但物料的温度高，品质差；减压状态下可在低温蒸发（5~20℃），低温饱和蒸汽与冻品表面接触，发生冷凝传热，冷凝传热具有高的传热系数，可实现快速解冻。此方法也存在低温微生物繁殖的问题。

4）微波解冻。高频波的电磁波本身并不产生热量，但会使冻品内部的分子进行剧烈运动，从而产生热量。由于是从产品内部诱导升温，较适合厚且大的冻品进行解冻，并且解冻后的品质较好。

（2）**解冻的状态**　根据解冻的程度，解冻可分为半解冻和全解冻两种，这两种状态在烹调加工过程中的应用和风味品质都有所不同。

1）半解冻。半解冻是指将冻肉温度提高到冰结晶体最大生成带的温度范围即中止解冻，此后在加工过程中再使肉达到完全解冻。这种半解冻的肉食品，由于结冰率小，肉食品的硬度恰好能用于切割，便于初加工和切配，而且汁液流出少，加工中和加工后仍处在解冻的状态下，在烹调时差不多解冻完成，这是冻品最佳的解冻状态。

2）全解冻。完全解冻的肉食品，应立即采取加工、烹调措施，以防止肉质和风味的变化。因为在这种解冻状态下，原料容易受到各种因素影响使肉质变差。如在 30℃ 左右时，氧化酶和微生物发生作用，能加速肉制品的腐败变质。

1.2.4　加工性原料清洗加工技术要求

1. 干货原料清洗加工技术要求

很多干货原料在涨发之前需要清洗加工，或者在涨发的过程中清洗处理。因为干货原料在干制时会有一些污物附着在原料表面，如果涨发之前不清洗，会影响成品的质感。多数原料可用冷水或温水浸泡后再清洗处理。鲍鱼涨发要在泡软后，用刷子刷去表面的污物；海参涨发时需要清洗掉表面和腹内的污物；燕窝要泡软后去掉燕毛再进行发制加工。

2. 腌腊制品的清洗加工技术要求

大多数腌腊制品须在清水浸泡后，要用食用碱溶液进行表面清洗，再用清水冲洗干净。对于一些盐分较重的腌腊制品浸泡时间需要长一点。另外，对于风鸡、风鹅等制品需要将毛拔干净后，放入清水中泡软再除尽绒毛、细羽，最后用热的食用碱溶液刷干净制品表面。

3. 解冻原料的清洗加工

一般肉制品解冻后无须特殊处理加工，但对于虾类冻品，解冻后需用食盐溶液浸泡搅拌，至虾仁呈白色时即可。

技能训练 4　火腿的初加工

1）将整只火腿放在清水中浸泡 6 小时。

2）取出火腿将其置于热的食用碱溶液中，并刷干净火腿的表面。

3）将刷洗干净的火腿，皮朝下肉朝上放置在容器里，加入绍兴黄酒、葱、姜蒸制 3 小时左右。

4）蒸好的火腿待初步冷却后，剔掉硬皮、骨骼、油脂，斩掉猪爪，用刀片去腐肉黄脂，分割成块即可。

技能训练 5　**香菇的涨发加工**

1）将香菇放在冷水或热水里浸泡，水量稍微多点。

2）待香菇回软后，逐一剪去菇柄。

3）将剪去菇柄的香菇用清水冲洗干净，浸泡在水中备用即可。

注意：浸泡香菇的水尽量不要丢弃，因为水中有些香菇的鲜味物质过滤后可用于菜肴的调味。另外，要注意泡发量和使用周期。

复习思考题

1. 不同种类果蔬有哪些针对性的洗涤方法？

2. 在家禽烫毛操作时，须掌握哪些原则？

3. 简述家禽的 3 种开膛方法。

4. 如何对干货原料进行品质鉴定？

5. 简述燕窝的品种及其品质特点。

6. 如何鉴别火腿质量的好坏？

7. 简述水发加工的分类及定义。

8. 简述鸡的宰杀及清洗加工方法。

9. 简述鲫鱼的宰杀及清洗加工方法。

10. 简述香菇的涨发加工方法。

项目 2

原料分档与切配

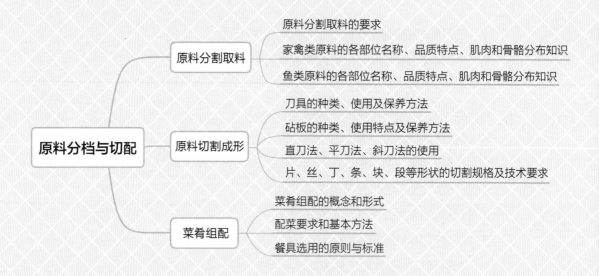

原料分档与切配
- 原料分割取料
  - 原料分割取料的要求
  - 家禽类原料的各部位名称、品质特点、肌肉和骨骼分布知识
  - 鱼类原料的各部位名称、品质特点、肌肉和骨骼分布知识
- 原料切割成形
  - 刀具的种类、使用及保养方法
  - 砧板的种类、使用特点及保养方法
  - 直刀法、平刀法、斜刀法的使用
  - 片、丝、丁、条、块、段等形状的切割规格及技术要求
- 菜肴组配
  - 菜肴组配的概念和形式
  - 配菜要求和基本方法
  - 餐具选用的原则与标准

原料在烹调加工前，大多数都要进行刀工处理，将大型原料进行有效分割和切配，使原料更易入味，便于成熟和定型，美化外观，丰富菜肴的品种。

2.1 原料分割取料

原料分割取料是一项技术性很强的操作工序，它的质量直接影响着原料的净料率和菜肴成品的质量。分割取料是为了最大限度地保证菜肴的质量。只有熟悉原料的组织结构，熟练掌握各种刀法，才能保证原料分档取料的正确性和完整性，从而提高原料的净料率。

需要指出的是，并非所有家禽原料都须经过分割整理工序。经宰杀、清理后的家禽净料，如光鸡、光鸭、光鸽等，可以直接进行烹制加工，如北京烤鸭、脆皮乳鸽、烧鹅等。

在原料分割的过程中常伴随着剔骨整理，包括分档剔骨和整料剔骨。

2.1.1 原料分割取料的要求

烹饪原料在正式烹调之前，基本都需要根据菜肴成品要求来进行分割取料。

1. 对需要进行分割取料的原料进行必要的分割

虽然绝大多数烹饪原料在正式烹调加工前都需进行分割处理，但有些菜品不需要分割取料，要遵循菜品的设计要求，将烹饪原料按要求进行分割，以保证菜肴的整体品质。

2. 分割取料必须按照菜肴的设计要求进行

不同的菜品需采用不同的分割取料方法，因此，在分割取料时，须按照菜品的设计要求，将其加工成块、丁、丝、片等形状，并且注意分割的质量要求、各种形状的成型规格要求，以便更好地烹调加工，保证菜肴出品质量。

3. 分割取料必须符合食品卫生要求

不同类型的原料须用不同的砧板进行分割加工，以免交叉感染。

4. 分割取料的整体性要求

对厨房加工而言，烹饪原料的分割取料要做到物尽其用，从菜品设计出发，厨师尽量按照原料的特性设计不同的菜肴，以提高原料的使用率。

2.1.2　家禽类原料的各部位名称、品质特点、肌肉和骨骼分布知识

1. 家禽类原料的各部位名称和品质特点

家禽类原料的组织结构由肌肉组织、结缔组织、脂肪组织和骨骼组织构成。这4种组织相对比例的不同决定了家禽肉品质和风味的差异。家禽肉的肌肉组织比较发达，尤其是胸肌和腿肌。家禽肉中的脂肪常均匀地分布在肌肉组织中，一般沉积在体腔内或皮下（除水禽外），脂肪在皮下沉积使皮肤呈现一定颜色，多为微红色或黄色。家禽肉中的结缔组织含量低，而且较柔软，所以肉质更加鲜美，也更易被人体消化吸收。禽类的各部位大致可分为以下几种。

（1）脊背　位于脊骨两侧，各有一块肉，又称栗子肉，肉质适中，无筋，适于爆、炒等烹调方法。

（2）腿肉　位于腿部，肉厚较老，适于烧、炖、扒、卤等烹调方法。

（3）脯肉　位于翅膀与胸部之间，肉质嫩，在紧贴胸骨突起处有两条里脊肉，是全身最嫩部位，适宜切片、丝及剁蓉等，可用炸、炒、爆等烹调方法。

（4）翅膀　皮较多，肉质较嫩，不宜出肉，适宜红烧、白煮、清炖等。

（5）爪　除骨外，皆为皮筋，适宜卤、红烧、制汤等。

（6）头　含有脑，骨多、皮多、肉少，适宜煮、炖、卤、红烧或制汤等烹调方法。

2. 家禽类原料的肌肉和骨骼分布

（1）鸡的肌肉及骨骼分布　鸡的主要肌肉按烹饪用途可分为鸡脯肉、鸡大腿肉、鸡小腿肉、鸡翅膀等，按生物学分类法，鸡全身的主要肌肉和骨骼见图2-1和图2-2。

（2）鸭的肌肉及骨骼分布　鸭的主要肌肉按烹饪用途可分为鸭脯肉、鸭腿肉、鸭翅膀肉等。图2-3为北京鸭的肌肉（侧面），图2-4为北京鸭的肌肉（背观），图2-5为北京鸭的全身骨骼。

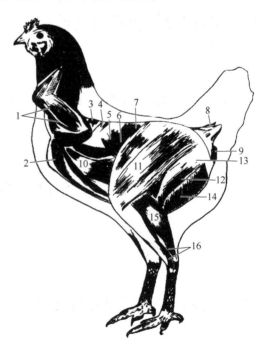

图2-1　鸡全身的主要肌肉

1—翼游离部肌肉　2—嗉囊　3—斜方肌　4—背阔肌　5—下锯肌
6—缝匠肌　7—股阔筋膜张肌　8—尾脂腺　9—肛门　10—胸肌
11—股二头肌长头　12—股二头肌短头　13—半腱肌
14—腹外斜肌　15—腓肠肌　16—趾深屈肌

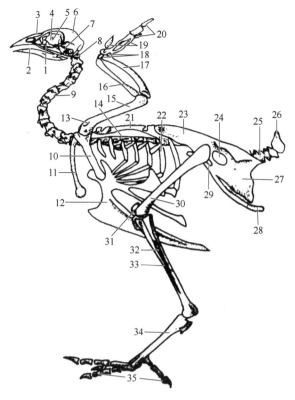

图 2-2　鸡全身的骨骼

1—颧弓　2—下颌骨　3—面骨　4—筛骨垂直板　5—腭骨　6—颅骨　7—方骨　8—寰椎　9—颈椎
10—乌喙骨　11—锁骨　12—胸骨　13—气孔　14—肩胛骨　15—臂骨　16—桡骨　17—尺骨
18—腕骨　19—掌骨　20—指骨　21—胸椎　22—肋骨　23—髂骨　24—坐骨孔　25—尾椎
26—尾综骨　27—坐骨　28—耻骨　29—闭孔　30—股骨　31—膝盖骨　32—腓骨
33—胫骨　34—跖骨　35—趾骨

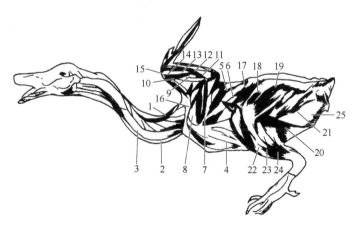

图 2-3　北京鸭的肌肉（侧面）

1—颈二腹肌　2—颈长肌　3—横突间肌　4—胸大肌　5—背阔肌　6—肩胛上肌　7—臂三头肌
8—臂二头肌　9—腕桡侧伸肌　10—旋前长肌　11—旋前短肌　12—指浅屈肌
13—腕尺侧屈肌　14—指深屈肌　15—指长伸肌　16—翅膜肌　17—缝匠肌
18—阔筋膜张肌　19—股二头肌长头　20—股二头肌短头　21—半腱肌
22—腓骨长肌　23—第三趾长肌　24—腓肠肌　25—腹外斜肌

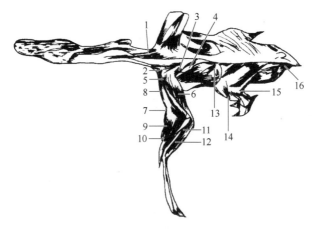

图 2-4　北京鸭的肌肉（背观）

1—颈二腹肌　2—斜方肌　3—背阔肌　4—菱形肌　5—三角肌　6—肘长肌　7—臂二头肌

8—翅膜肌　9—腕桡侧长伸肌　10—旋后肌　11—指总伸肌　12—指长伸肌

13—缝匠肌　14—阔筋膜张肌　15—腓肠肌　16—半腱肌

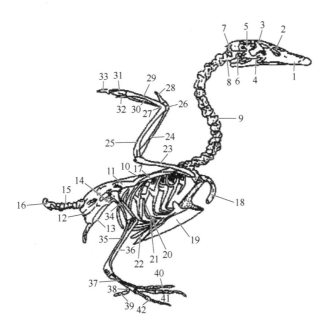

图 2-5　北京鸭的全身骨骼

1—颌前骨　2—鼻孔　3—泪骨　4—下颌骨　5—眼窝　6—方骨　7—枕骨　8—寰椎　9—第九颈骨　10—胸椎

11—髂骨　12—坐骨　13—耻骨　14—坐骨孔　15—尾椎　16—尾综骨　17—肩胛骨　18—锁骨　19—龙骨

20—胸肋　21—肋的胸骨部　22—钩状突　23—肱骨　24—桡骨　25—尺骨　26、27—腕骨　28—第二指骨

29—第三掌骨　30—第四掌骨　31、33—第三指骨　32—第四指骨　34—股骨　35—腓骨　36—胫骨

37—跖骨　38—第一跖骨　39、40、41、42—第一、二、三、四趾骨

2.1.3　鱼类原料的各部位名称、品质特点、肌肉和骨骼分布知识

　　鱼类的品种非常丰富，是重要的烹饪原料来源。鱼主要由鱼鳍、皮肤、鱼肉、鳞片、骨骼和内脏组成。在烹饪中，通常将鱼分为淡水鱼和海水鱼，由于其生活环境、习性等不同，

作为烹饪原料，两者之间也存在着一些差异。从鱼体的组成部位来看，可以用作烹饪原料的有鱼头、鱼皮、鱼肉、鱼鳍、鱼肝、鱼鳔、鱼鳞、鱼筋等。

1. 鱼类的各部位名称、品质特点

鱼类按烹饪用途可分为鱼头、鱼肉、鱼鳍、鱼鳔、鱼鳞等，但在实际烹调过程中，并不是所有鱼的鱼鳍、鱼鳞都可成菜，须根据鱼的种类来确定原料。另外，有些可以制成干制品，如鱼唇、鱼皮、鱼鳔、鱼鳍等。

（1）鳞　鱼鳞是保护鱼体、减少水中阻力的器官。绝大多数鱼有鳞，少数鱼已退化得无鳞。鱼鳞在鱼体表呈覆瓦状排列。鱼鳞可分为圆鳞和栉鳞，圆鳞呈正圆形，栉鳞呈针形且较小。不同种类的鱼，鳞片大小、排列位置、形状都不同。

（2）鳍　鱼鳍俗称"划水"，是鱼类运动和保持平衡的器官。根据鳍的生长部位可将其分为背鳍、胸鳍、腹鳍、臀鳍、尾鳍。按照构造，鳍可分为软条和硬棘两种，绝大多数鱼的鱼鳍是软条，硬棘的鱼类较少（如鳜鱼、刀鲚、黄颡鱼等）。有的鱼其硬棘带有毒腺，人被刺后，被刺部位肿痛难忍。

从鳍的情况还可以判断鱼肉中小刺（肌间骨）的多少。低等鱼类一般仅有一个背鳍，由分节可屈曲的鳍条组成，腹鳍腹位，这类鱼的小刺多，如鲢鱼。较高等的鱼类一般由两个或两个以上的背鳍构成（有的连在一起），其第一背鳍由鳍棘（硬棘）组成，第二背鳍由软条组成，腹鳍腹胸位或喉位，或者没有腹鳍，这类鱼的刺少或没有小刺，如鳜鱼。

（3）侧线　鱼体两侧面的两条直线，它是由许多特殊凸棱的鳞片连接在一起形成的。侧线是鱼类用来测水流、水温、水压的器官。不同的鱼类其侧线的整个形状及有无侧线也不一样。

（4）鳃　鱼鳃是鱼的呼吸器官，主要部分是鳃丝，上面密布细微的血管，呈鲜红色。大多数鱼的鳃位于头后部的两侧，外有鳃盖。从鱼鳃的颜色变化可以判断出鱼的新鲜程度。鱼的鼻孔无呼吸作用，主要是嗅觉功能。

（5）眼　鱼眼大多数没有眼睑，不能闭合。从鱼死后鱼眼的变化可以判断其新鲜程度。但不同品种的鱼，鱼眼的大小、位置是有差别的。

（6）口　口是鱼的摄食器官。不同的鱼类其口的部位、口形各异，有的上翘，有的居中，有的偏下。口的大小与鱼的食性有关，一般凶猛鱼类及以浮游生物为食的鱼类，口都大，如鳜鱼、带鱼、翘嘴鱼、黄鱼等。

（7）触须　鱼类的触须是一种感觉器官，生长在口旁或口的周围，分为颌须和腭须，多数为一对，有的有多对（如胡子鲶）。触须上有发达的神经和味蕾，有触觉和味觉的功能。

2. 鱼类的肌肉和骨骼分布

鱼类的肌肉和骨骼因鱼的种类不同而有差异，图 2-6 为鲈鱼体侧浅层肌肉，图 2-7 为鲫鱼骨骼。

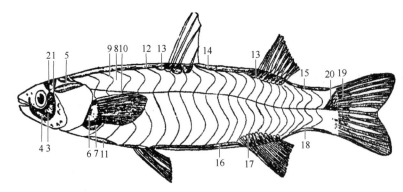

图 2-6　鲈鱼体侧浅层肌肉

1—鳃盖开肌　2—腭弓提肌　3—下颌收肌　4—咬肌　5—鳃盖提肌　6—肩带浅层展肌　7—肩带深层展肌
8—肌节　9—肌隔　10—水平隔膜　11—腹鳍引肌　12—背鳍引肌　13—背鳍倾肌　14—背鳍间缩肌
15—背鳍缩肌　16—腹鳍缩肌　17—臀鳍倾肌　18—臀鳍缩肌　19—尾鳍条间肌　20—尾鳍腹收肌

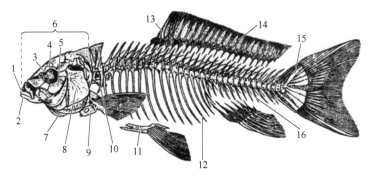

图 2-7　鲫鱼骨骼

1—上颌骨　2—下颌骨　3—眼窝　4—眶上骨　5—眶下骨　6—头骨　7—鳃皮辐射骨　8—鳃盖骨　9—乌喙骨
10—第二腹肋骨　11—基翼骨　12—腹肋骨　13—背鳍棘　14—背鳍条　15—尾下骨　16—脉棘

技能训练1　鸡的分割、取料工艺

1. 分割步骤

1）将光鸡平放在砧板上，在脊背部自两翅间至尾部用刀划一长口，再从腰窝处至鸡腿内侧用刀划破鸡皮。

2）左手抓住一侧鸡翅，从刀口自肩臂骨骨节处划开，剔去筋膜，卸下鸡翅和鸡脯。

3）左手抓住一侧鸡腿，反关节用力，用刀在腰窝处划断筋膜，再用刀在其坐骨处割断筋膜，用力即可撕下鸡腿。

4）鸡腿、鸡翅都拆下后，所剩即为鸡架。

5）鸡爪和鸡腿分开。将以上分割好的原料分类放置即完成分割。

2. 取料

鸡的剔骨加工分为分档剔骨与整鸡剔骨两种，此处只介绍分档剔骨。光鸡经过分割后，其分档剔骨的主要部位指鸡腿和鸡翅（因鸡脯已是净肉）。

1）鸡腿剔骨。用刀从鸡腿内侧剖开，使股骨和胫骨裸露，从关节处将两骨分离，割断骨节周围的筋膜，抽出股骨，再用相同的方法取下胫骨。

2）鸡翅剔骨。割断肱骨关节四周的筋膜，将翅肉翻转，再割断尺骨、桡骨上的筋膜，取下肱骨及尺骨、桡骨。翅尖部位的骨骼一般在生料剔骨时予以保留。

3. 分档取料和用途

1）鸡头、鸡颈、鸡架，适合煮汤。

2）鸡翅，适合煮、酱、卤、炸、烧、炖等。

3）鸡腿，适合加工成丁、块，适于炒、爆、炸、烧、煮、卤等。

4）鸡脯，适合加工成丁、条、丝、片、蓉泥等，适于炒、炸、煎、氽、涮等。

5）鸡爪，适合酱、卤、煮等。

6）鸡心、鸡肝、鸡肫、鸡肠、鸡胰，适合卤、酱、炒、爆等。

7）鸡油，适合炼油。

技能训练 2　草鱼的分割、取料工艺

1. 分割步骤

生拆方法：先在鱼鳃盖骨后切下鱼头，随后将刀贴着脊骨向里批进，鱼肚朝外，鱼背朝里，左手抓住上半片鱼肚。批下半片鱼肚，将鱼翻身，刀仍贴脊骨运行，将另半片也批下，随后鱼皮朝下、肚朝左侧，斜刀将鱼骨批去。如果要去皮，大鱼可从鱼肉中部下刀，切至鱼皮处，刀口贴鱼皮，刀身侧斜向前推进，除去一半鱼皮。接着手抓住鱼皮，批下另一半鱼肉。如果是小鱼，可从尾部皮肉相连处进刀，手指按住鱼皮斜刀向前推批去掉鱼皮。

2. 分档取料和用途

1）头，从鳃盖骨部垂直下刀。肉少骨多，宜烹制红烧头尾、红烧下巴、头尾汤等。

2）尾，紧贴臀鳍前部下刀。肉质鲜嫩可口，宜烹制红烧划水、糟卤或清炖头尾等。

3）中段，在上身中骨处下刀，刀口紧贴中骨。宜制作鱼片、鱼丝等。

4）肚裆，沿胸骨处下刀。肉质肥嫩，宜烹制红烧肚裆等。

2.2 原料切割成形

原料切割成形是指运用刀具对烹饪原料进行切割的加工（简称刀工）。从清理加工到分割

加工都离不开刀工，如对鸭的宰杀、对猪胴体的分割等都是通过刀工来实现的。刀工主要是对完整原料进行分解切割，使之成为组配菜肴所需要的基本形体。对原料进行切割成形的加工是中式烹调师重要的基本功之一。

原料被切割成一定形状后，不仅具有某种美观的形体，更重要的是为制熟加工提供了方便，为实现原料的最佳成熟度提供了良好的前提条件。当然，这与刀具、砧板以及刀法的正确使用是分不开的。总之，原料切割成形必须依靠具体的刀工来实现，刀具质量的好坏、使用是否得当，与菜品的质量和形态有着密切的关系。

2.2.1　刀具的种类、使用及保养方法

为了适应不同种类原料的加工要求，必须掌握各类刀具的性能和用途。只有正确选择相应的刀具，才能保证原料成形后的规格和要求。刀具的种类很多，其形状、功能各异。其分类方法有以下两种：一是按照刀具的形状来划分，可分为方头刀、马头刀、圆头刀、尖头刀、斧形刀、片刀等；二是按照刀具的用途来划分，可分为片（批）刀、切刀、砍刀、前切（片）后砍刀等。

无论是以形状划分，还是以用途划分，就一把刀具而言，其形状与用途都是统一的。本节以刀具的形状和用途分类进行阐述。

1. 按刀具形状分类

（1）**方头刀**　又分为大方刀和小方刀两种。

1）大方刀，呈长方形，刀身前高后低，刀刃前平薄后略厚而稍有弧度，刀身上厚下薄，刀背前窄后宽，刀柄满掌，刀体短宽。刀高，前约 12 厘米，后约 10 厘米，刀身长 20~22 厘米，刀背前端厚约 0.3 厘米，刀背后端厚约 0.7 厘米，重约 800 克。特点：刀柄短，惯力大，一刀多能，适用于前批、后剁、中间切；使用方便、省力，具有良好的性能。

2）小方刀，大方刀的缩小版，便于切削，重约 500 克。其特点与大方刀基本相同，仅比其重量轻。

（2）**马头刀**　刀身略短，刀尖突出，刀板较轻薄，重约 700 克，适于切、削等。

（3）**圆头刀**　刀头呈弧形，刀腰至刀根较平，刀身略长，略轻薄，重约 750 克，适于切削、剔等。

（4）**尖头刀**　又称心形刀，刀前尖而薄，刀后略厚，重约 1000 克，专用于剔骨、剁肉和剖鱼。

（5）**斧形刀**　形如斧头，但比斧头宽薄，重量为 1000~2000 克不等，专用于砍剁大骨。

（6）**片刀**　刀板薄，刀刃平直，刀形较方，重量较轻，200~500 克不等。依据用途，片

刀又可分为：刀板宽薄、刀刃平直的干丝片刀，刀板窄而刀刃呈弓形的羊肉片刀，刀板窄而刀刃平直的烤鸭片刀等。

2. 按刀具用途分类

（1）**片刀（也称批刀）** 一般重250~700克，刀身轻而薄，刀口锋利，尖劈角小，是切、批工作中最重要的工具，主要用于切制或批制一些经过精选的无骨动物性原料和植物性原料，刀背可用于捶蓉。片刀常见的形状有方头刀、圆头刀和羊肉刀，并且有型号大小的不同。

（2）**切刀** 刀身略宽，长短适中，应用范围较广，既能用于切片、丝、条、块，又能用于加工略带碎小骨或质地稍硬的原料，应用较为普遍。切刀有不同形状和大小号之分。

（3）**砍刀** 一般分量较重，有不同形状和大小号之分，重的达1000克以上，刀背和刀膛都比较厚，尖劈角较大，是砍批原料时最常用的刀具，专用于砍带骨的原料、冰冻原料或其他硬度较强的原料。

（4）**前切（片）后砍刀（也称文武刀）** 一般重500~1000克，刀锋的中前半部分薄而锋利，近似片刀和切刀，刀的后端厚而钝，近似于砍刀，应用范围较广，中前部分可以用来切或片原料，后半部分可以用来砍或剁原料。

（5）**其他特殊用途刀具**

1）烤鸭刀：也称小片刀，形状和片刀基本相似，区别在于刀身比片刀窄，重量轻，刀刃锋利，专用于片熟制的烤鸭。

2）刮刀：用来刮去原料表面的污物等，一般为尖形。

3）剔刀：用来剔骨取肉。

4）剪刀：多用于加工整理鱼、虾类原料，如剪去虾须、鱼鳍等。

另外还有专用于切制羊肉片的羊肉片刀、摘毛和刮削两用的镊子刀等。

3. 刀具的保养

俗话说："工欲善其事，必先利其器。"刀具好用，刀刃锋利，是使切割后的原料达到光滑、完整、美观的重要保证，也是操作者刀工操作多快好省的条件之一。刀具光洁、刀刃锋利是通过保养与磨砺来实现的。

（1）**刀具使用中的保养** 在刀技加工的过程中，必须养成良好的操作习惯和使用方法，这是维护保养刀具的一项主要内容。只有正确使用刀具，才能在刀技加工过程中防止刀刃锛裂，尤其是对带骨原料用刀一定要掌握好下刀的力度，正确运用腕力，对准原料的切入点下刀。不同的原料，不同的刀法，最好使用不同的刀具。比如剁排骨，锯刀比剁刀好，因为锯排骨可以防止骨渣四溅，有利于厨房卫生与食品安全。总之，"一把刀打天下"的观点是不可取的，可以借鉴西厨的刀具使用方法，不同的刀具司理不同的职能。

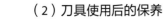

中式烹调师（初级）

（2）刀具使用后的保养

1）刀具使用后必须用干净的布擦干刀身两面的水分。尤其是切带有咸味的或有黏性的原料（如咸菜、火腿、藕、土豆等）时，黏附在刀身两侧的鞣酸容易氧化而使刀身发黑，盐渍对刀具有腐蚀性，所以刀具用完后必须清水洗净擦干。

2）刀具使用后应该合理存放，以免伤人、伤刀。一般采用的方法是：操作过程中放刀，应将刀刃向外置于砧板的中间，以刀的四面不出砧板的边沿为宜；每次工作结束后，应将刀具洗净擦干并将其牢固地挂在刀架上，或者将其放入刀盒内，或者用抹布包起来，不可碰撞硬物，以免损伤刀刃。

3）长时间不用的刀具，应该擦干水分，再在刀身两面涂抹一层干淀粉或植物油，避免氧化、变色、生锈和腐蚀，使刀失去光泽和锋利。

4）经常磨刀，保持刀的锋利和光亮，也是保养刀具的一个要点。

（3）刀具的磨砺

1）磨刀石种类及用途。磨刀石是磨刀的用具，一般呈长条形，尺寸大小不等，常用的有粗磨石、细磨石和油石。

① 粗磨石，是用天然黄沙石料凿成，一般长约 22 厘米，宽 7 厘米，厚约 4 厘米。这种磨刀石颗粒粗、质地松而硬，常用于新刀开刃或磨有缺口的刀具。

② 细磨石，用天然青沙石料凿成，形状类似粗磨石。这种磨刀石颗粒细、质地坚实，能将刀磨快而不伤刀口，应用较为广泛。

一般要求粗磨石和细磨石结合使用，磨刀时先用粗磨石开刃，后用细磨石出锋，这样不仅刀刃磨得锋利，而且能缩短磨刀的时间，延长刀具的使用寿命

③ 油石，属于人工磨刀石，采用金刚砂人工合成，成本较高，粗细皆有，品种较多，一般用于磨砺硬度较高的工业刀具。

2）磨刀的方法。磨刀方法有平磨、翘磨、平翘结合 3 种。

① 平磨，磨刀石用水浸湿、浸透，刀面上淋上水，刀身与磨刀石贴紧，推拉磨制，磨制时两面的磨制次数应相等。平磨适合于磨制平薄的片刀，可以使刀面平滑的同时使刀刃锋利。

② 翘磨，磨刀石用水浸湿、浸透，刀面上淋上水，刀身与磨刀石保持一定的锐角角度，推拉磨制。翘磨适合于磨制刀身厚重的砍刀或前切后砍刀的后半部分，可以直接磨刀刃。

③ 平翘结合，采用平推拉刀方式。向前平推是对刀面的磨制，能保持刀面的平滑，平推时应至磨刀石的尽头；向后翘拉是直接磨制刀刃，但又不损伤刀刃，应使刀面与磨刀石始终保持 3 度角 ~5 度角，切不可忽高忽低。无论是平推还是翘拉，用力都讲究平稳、均匀。当磨刀石上起砂浆时，须淋水再继续磨制，适合于一般切刀具的磨制。

3）磨刀操作的要点

① 准备工作。磨刀前先要把刀面上的油污擦洗干净，以免磨刀时打滑伤手，影响磨刀速

度。然后，将磨刀石放于磨刀架上，磨刀架高度以磨刀者身高的一半为宜，磨刀石以前面略低、后面略高为宜。在磨刀石旁准备好清水，最好是一盆温盐水，这样既可以加快磨刀速度，也可以使刀具磨好后锋利耐用。

② 磨刀的姿势。磨刀时的站姿是两脚自然分开，一前一后站稳，胸部略微前倾，一手持刀柄，一手按住刀身的前段，食指、中指按在刀面上，刀背略翘起，刀刃向前，推按刀背，拇指要牢牢捏住以防刀脱手，注意力要集中。首先在粗磨石上磨出刀刃，而后改用细磨石，使刀刃更加锋利。

③ 石面起砂浆时就要淋水，整个磨刀过程中，要保持磨刀石上面湿润不干。

④ 不断翻转刀刃，两面磨的次数基本相等。

⑤ 手腕平稳准确，两手用力均匀柔和一致。

⑥ 刀具往返于磨刀石的前后两端，要把刀刃推过磨刀石的前面，以刀面不过磨刀石为宜。

⑦ 磨到刀刃发涩、锋利为止。

⑧ 刀背及其与刀柄连接处用细磨石打磨。

4）磨刀注意事项：无论使用哪种磨刀方法，均要随时向刀具和磨刀石洒适量水，另外，刀刃的两面、前后的磨制时间及用力程度要均匀、适宜，防止出现如下现象。

① 偏锋。磨刀时两面用力不均匀，磨的次数相差较大，致使刀锋向次数少或用力少的那一面偏。

② 毛口。角度过大，刀刃研磨过度，呈锯齿状或翻卷。

③ 罗汉肚。前后磨的次数不均，刀身中腰呈大肚状凸出。

④ 月牙口。中间用力过重，磨的次数过多，向内呈弧度凹进。

⑤ 圆锋。用而不磨，膛刀过多，刀圆厚，久磨不利。

⑥ 摇头。前厚后薄，重心不稳。

5）刀具是否锋利的检验标准。

① 迟钝刀刃原有的白线消失，试锋不滑，有滞涩之感。

② 两面平滑，无卷口和毛锋现象。

③ 刀面平整无锈迹，两侧重量均等，无摇头现象。

④ 刀背等处无刃口。若有刃口，则应磨圆，防止操作时割破手指。

2.2.2　砧板的种类、使用特点及保养方法

1. 砧板种类及使用特点

（1）**砧板种类**　分类方法有二：一是按砧板的形状分，大致有圆形、长方形两种；二是按砧板的材质分，有木质、竹质、聚乙烯（PE）塑料、聚丙烯（PP）塑料、合成树脂、不锈

钢 6 种。

（2）不同材质砧板的使用特点

1）木质砧板多选用银杏树、榆树、柳树等木材制成。这些树的木质坚固且有韧性，既不伤刀刃又不易断裂和腐烂，经久耐用，使用过程中产生少量的碎屑对人体无害。以外皮完整、不空不烂、无结疤、色泽均匀、无花斑者为佳。此类砧板是餐饮业中餐厨房使用首选。

2）竹质砧板用毛竹片经压制、高温处理加工而成，色泽褐黄，质地坚实，平整光滑，经久耐用，有整片压制和拼接两种，拼接的竹质砧板会使用黏合剂，所以尽量选择整片压制的竹质砧板。竹质砧板价位低，一般是家庭使用首选。

3）聚乙烯砧板和聚丙烯砧板都是塑料砧板，两种材料的区别在于聚乙烯的延展性更好，制成较薄的砧板能弯曲，而聚丙烯不行。这两种砧板颜色多样，平整光滑，易清洗，美观耐用，但在使用过程中，容易伤刀，有碎屑产生，刀工处理后会留有刀痕。餐饮业厨房和家庭都会使用此类砧板。

4）合成树脂砧板一般为浅黄色或明黄色，软硬适中，不伤刀，不易滋生细菌，不发霉变黑，易清洗打理，一般日式料理店使用较多。

5）不锈钢砧板一般家庭使用较多，容易打理、不易发霉，但容易伤刀。

2. 砧板的保养

一般来说，木质新砧板使用前应先用盐水浸泡，或放入水中煮透，使其木质更加紧缩致密，能有效防止虫蛀及腐烂。

使用时注意不要损坏砧板皮层，否则容易开裂。砧板蒙皮，可采用不锈钢框圈加箍固定。

每次使用砧板后应刮净板面，不宜固定在一个部位长时间进行切、剁等操作。正确的方法是：要两面均匀使用，保持板面的平整。应满刮板面，防止凹凸不平，影响正常的刀工处理。禁止在板面硬砍、硬剁，以免造成板面损坏。

砧板使用后应清洗晾干，竖立于案板上（竖立时砧板与案板的接触面要换面，以防止发霉变黑），并用洁净的布罩上，防止污染。

此外，砧板不易在烈日下长时间暴晒，否则会开裂。木质砧板、竹质砧板、聚乙烯砧板、聚丙烯砧板、合成树脂砧板如有使用不平的情况，可以刨平后再次使用，千万不要一直使用下去，否则会缩短砧板的使用寿命。

2.2.3　直刀法、平刀法、斜刀法的使用

刀法指原料切割时具体的运刀方法，依据刀身与原料的接触角度，刀法可分为直刀法、平刀法、斜刀法和其他刀法 4 种类型。

1. 直刀法

直刀法是刀刃与砧板或原料基本保持垂直运行的一种刀法。这种刀法按照用力大小，分为切、斩、砍等。

（1）切　是直刀法中刀的运行幅度最小的刀法，一般适用于加工无骨无冻的原料。根据操作过程中运行的方式，又可分为直刀切、推刀切、锯刀切、滚刀切、拉刀切、铡刀切等。

1）直刀切^{⊖⊖}（又称跳切，见图2-8），左手扶稳原料，用中指第一个关节自然弯曲处顶住刀膛（有的人喜欢用食指，也可），掌根按住原料上料，右手持刀，用刀刃的中前部分对准原料被切位置，刀垂直上下起落将原料切断。直刀切法一般用于切干脆性原料，如青笋、鲜藕、萝卜、黄瓜、白菜、土豆等。

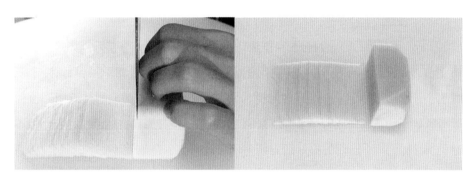

图 2-8　直刀切

2）推刀切，刀与原料垂直，切时刀由后向前推，着力点在刀的后部，一切推到底，不再向回拉。推刀切主要用于切质地较松散、用直刀切容易破裂或散开的原料，如叉烧肉。

3）锯刀切[⊜]（也称推拉切，见图2-9），是推刀切和拉刀切的结合，是比较难掌握的一种刀法。切时刀与原料垂直，先将刀向前推，然后再向后拉。这样一推一拉像拉锯一样向下切把原料切断。

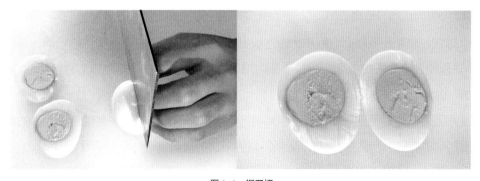

图 2-9　锯刀切

⊖ 扫描封底"天工讲堂"小程序看视频。

⊖ 扫描封底"天工讲堂"小程序看视频。

⊜ 扫描封底"天工讲堂"小程序看视频。

中式烹调师（初级）

4）滚刀切（见图2-10），是左手按稳原料，右手持刀不断下切，每切一刀即将原料滚动一次，根据原料滚动的姿势和速度来决定切成片或块。一般情况是滚得快、切得慢，切出来的是块；滚得慢、切得快，切出来的是片。滚刀切多用于切圆形或椭圆形脆性蔬菜类原料，如萝卜、青笋、黄瓜、茭白等。

图2-10 滚刀切

5）拉刀切，是在施刀时，刀与原料垂直，切时刀由前向后拉，实际上是虚推实拉，主要以拉为主，着力点在刀的前部。拉刀切适用于切韧性较强的原料，如千张、海带、鲜肉等。

6）铡刀切（又叫压切），一手握住刀柄，另一手按住刀背，对准原料待切部位，上下反复、错落有致地压切下去；或者一手握住刀柄（或刀尖）按在原料待切部位贴着砧板不动，另一手按住刀尖（或刀柄）压切下去。铡刀切多用于切带壳、带软骨（或小硬骨）、小而圆且易滑动的原料，如螃蟹、花椒、板栗等。

（2）剁（也称斩、排） 就是在原料的某一处上下垂直运刀，并多次重复行刀，需要在运刀时猛力向下的刀法。用力于小臂，刀刃距料5厘米以上垂直用力，迅速剁断原料。根据用力的大小，一般分砍剁、排剁、跟刀剁、拍刀剁、砍剁等几种。

1）砍剁。将刀扬起，运用小臂的力量，迅速垂直向下，截断原料。带骨和厚皮的原料常用此法。砍剁运刀时，左手按料离刀稍远，右手举刀直剁而下，故又称直剁。砍剁不宜在原刀口上复刀，应一刀断料，准确迅速，否则易产生碎骨、碎肉，从而影响原料质量。用于砍剁的原料一般为排肋、鱼段。

2）排剁。排剁是有规则、有节律地连续剁的方法，是制作肉蓉、菜泥的专门刀法。由于这种剁法是由左至右再由右至左运刀，故叫排剁。排剁要求具有鲜明的节律性，根据原料性质调整轻重缓急，循序渐进，密度均匀。

3）跟刀剁。将刀刃嵌进原料，使原料随刀扬起剁下的方法。一些带骨的圆而滑的原料常用此刀法，如鱼头等，对这些原料采用跟刀剁的刀法能提高准确性与安全性。

4）拍刀剁。将刀刃嵌进原料，左手掌猛击刀背，截断原料的刀法。

5）砍剁。借用大臂力量，将刀高扬，猛击原料的刀法。专指对大型动物头颅的开片刀法，砍剁要稳、准、狠，要充分注意安全及刀的硬度。

 扫描封底"天工讲堂"小程序看视频。

034

（3）砍（又叫劈） 是只有上下垂直方向运刀，在运刀时猛力向下的刀法。根据运刀方法的不同，又分为直刀砍、跟刀砍、拍刀砍等几种。

1）直刀砍，是将刀对准要砍的部位，运用臂力垂直运刀向下断开原料的方法。

2）跟刀砍，在操作时要求扶稳原料，刀刃垂直嵌牢在原料内，运刀时原料与刀同时上下起落，使原料断开。

3）拍刀砍，要求右手持刀，并将刀刃架在要砍的原料位置上，左手半握圈或伸平，用掌心或掌跟向刀背拍将原料砍断。

（4）排 运用排剁的刀法，但又不将原料断离，仅使之骨折、筋断，使肉质疏松。排刀法具有扩大原料体表面积，增强与浆、糊的附着力，使致密结构疏松柔软，便于成形、入味，缩短加热时间，利于咀嚼等诸多作用，如猪排、红酥鸭等菜肴的制作。依据排刀的不同运刀部位，排刀又分为刀口排和刀背排。

1）刀口排，运用刀刃，在肉面进行排剁，使之骨折、筋断，适用于筋膜较多的块肉和用于扒、炖、焖的禽类原料的加工，刀口排深不宜超过 1/2。

2）刀背排，用刀背对原料肉面排敲，使之肉质松嫩，适用于猪排、牛排、鸡排的加工。

2. 平刀法

平刀法是指刀面与砧板平行，刀保持水平运动的刀法。运刀要用力平衡，不应此轻彼重，以免产生凸凹不平的现象，行业中又称"片"或"批"。依据用力方向，这种刀法可分为平刀直片、平刀推片、平刀拉片、平刀推拉片、平刀滚料片、平刀抖片等。

（1）**平刀直片** 刀刃与砧板平行批进原料，适用于易碎的软嫩原料，如豆腐、豆腐干、鸡鸭血的加工。

（2）**平刀推片（又称推刀批）** 是将原料平放在砧板上，刀面与砧板平行，刀刃前端从原料的右下角平行进刀，然后由右向左将刀刃推入，片断原料的方法，适用于脆性原料，如茭白、熟笋等的加工。

（3）**平刀拉片（又称拉刀批）** 是将原料平放在砧板上，刀面与砧板平行，向左进刀然后继续向左、下方运刀片断原料的方法，适用于体积小、嫩脆或细嫩的动植物性原料，如莴笋、萝卜、猪腰、猪肚、鱼肉的加工。

（4）**平刀推拉片（又叫拉锯片）** 刀的前端先片进原料，由前向后拖拉，再由后向前推进，一前一后、一推一拉，直至片断原料，适用于比较有韧性的原料，如肚片等的加工。

（5）**平刀滚料片** 是指刀面与砧板平行，刀从右向左，原料向左或向右不断滚动，最后片下原料的刀法。植物性原料一般从原料上部收刀，叫"上旋片"，如黄瓜、萝卜等；动物性原料一般从下部收刀，叫"下旋片"，如肉片等。

（6）**平刀抖片** 在刀刃片进原料的同时，刀刃做上下轻微而又均匀的波浪形抖动，以美化原料的形状，适于加工柔软、脆嫩的原料。

3. 斜刀法

斜刀法是一种刀面与砧板成斜角，刀做倾斜运动，将原料片开的刀法。这种刀法按刀的运动方向与砧板的角度，可分为斜刀正片、斜刀反片等方法。两者区别主要是：行刀角度不同、行刀方法不同、用力大小和速度不同、左右手的配合不同。

（1）**斜刀正片（又叫斜刀拉片）** 即斜正批，右侧角为锐角（40度~50度）。刀身倾斜，刀背朝外，刀刃向内，从刀的前部着力，进入原料片动的同时，从外向内拉动片断原料。一般来讲，斜刀正片法运用的是拉力，故又叫"斜拉批"。

斜刀正片适用于软嫩而略具韧性的原料，如鸭脯、腰片、海参、鱼肉等的加工。斜刀正片是柳叶片、抹刀片成形的专门刀法，能相对扩大较薄原料的坡度截面，增加与汤卤的接触面。在运刀时，要求两手同时相应运动，左手按料，刀走下侧，每批下一片即屈指取下，再按料进刀，反复进行。

（2）**斜刀反片（又叫斜刀推片）** 即反斜批，右侧角度为钝角（130度~140度），刀身倾斜，刀背朝内，刀刃向外，从刀的中后部用力，进入原料片动的同时，由内向外推动片断原料。一般来说，斜刀反片所用的是推力，故又叫"斜推批"，适用于耳片、肚片等的加工。

（3）**拉锯斜片** 是斜刀片进原料后，再前后拉动直至片断原料的刀法，多用于体积较大的原料，如瓦块鱼等的加工。

4. 其他刀法

平刀法、直刀法、斜刀法之外的刀法统称为其他刀法。其他刀法中绝大多数属于不成形的刀法，不属于刀工的主体刀法，大多数是作为辅助性刀法使用。有些虽然能使原料成形，但由于受原料的局限而使用极少。这些刀法主要有削、剔、刮、塌、拍、撬、剁、剐、铲、割、敲和吞刀（剖刀）等。

（1）**削** 左手持料，右手持刀，悬空切去老根或皮，常用于清理加工。削又分为直削与旋削两种，后者常用于圆形瓜果和蔬菜的加工。

（2）**剔** 将刀尖贴骨运行，使骨与肉分离，是拆卸加工的专门刀法。

（3）**刮** 刀身垂直，紧压料面，做平面横向运行，适用于去除附着于原料表层的骨膜及皮层毛根、鳞片和污物。按运刀走向，又分为顺刮和逆刮。

（4）**塌** 刀身一侧紧压原料，斜刀做平面推进，将原料碾压成蓉泥。细嫩软烂原料的蓉泥皆运用此刀法加工，如虾仁、豆腐、熟土豆等。

（5）**拍** 刀身横平猛击原料，使之松裂，适用于纤维较长、较为紧密原料的加工，如姜块、茭白、瘦肉等。

（6）**撬** 刀刃嵌入原料约1/3，以刀身作为杠杆，拨开原料，料体表面有纤维的丝裂状，能提高原料对调味卤汁的吸附力，仅限于对"烩冬笋"的取块加工。

（7）**剜** 尖刀插入原料一侧，旋转挖孔，用于去除虫眼及霉斑杂质。

（8）**剐** 刀顺骨臼做弧形运动，使关节的凹凸面分离。

（9）**铲** 刀平刃向外，紧贴皮层，运用推力向前使皮与肉分开。

（10）**割** 运用推拉的方法，悬空将肉的某一部分从整体取下。

（11）**敲** 用刀背猛击，使粗壮长骨折断。

（12）**吞刀** 在整块肉的肉面，有规则地切片或切块，且皮仍保持完整的刀法。以此法处理的肉便于成熟与夹食。

2.2.4 片、丝、丁、条、块、段等形状的切割规格及技术要求

原料经切割所形成的各种基本形状简称基本料形。基本料形不包括雕刻形成的形状，它既能反映出所制菜品的形状特征，也能反映出适应于某种制熟加工的倾向性。基本料形一经确定，便为组配加工和制熟加工提供了实施的依据。在一般情况下，基本料形有片、丝、条、块、段等形状，这是一个原料从大到小、由粗到细的加工过程。基本料形的不同，其规格和加工方法也不同。图 2-11 为几种基本料形。

图 2-11　几种基本料形

1. 切割规格及方法

（1）**片** 具有扁薄平面结构特征的料形称为片。运用平刀法、直刀法和斜刀法皆可改刀成片。片形最为复杂多样，依据不同刀法的运用分为平刀片、斜刀片和直刀片 3 个基本类型。

1）平刀片。运用平刀法在较大物体上取下的片统称平刀片，主要包括大方片和菱形片。加工成平刀片的原料除贴类菜肴可以直接使用外，其他菜肴皆需进行再加工。典型菜品有锅贴鸭、锅贴鱼等。其中锅贴鱼的片形规格为 6 厘米×4 厘米×0.2 厘米。

2）斜刀片。运用斜刀法在较大物体上取下的片统称斜刀片，主要有柳叶片、玉兰片、长条片和大菱形片等形状。

① 柳叶片。两头微尖，中间略宽，片体较薄，形似柳叶，规格为 5 厘米×1.5 厘

米×0.1厘米。从禽类胸肌或畜类里脊等肌肉上横或斜向取片，用于炒、汆等烹饪方法。

② 玉兰片。一头微圆而宽，一头微尖而窄，片体较薄，形似玉兰片瓣，规格为5厘米×2.5厘米×0.2厘米。从鱼类轴上肌斜向取片，用于炒、汆等烹饪方法，如黑鱼片。

③ 长条片。形体略长而窄，正反斜刀法皆可，体壁较厚，适用于大菜。常用于油发肉皮、鱼肚或熟肚取片，可烩制。长约6厘米，宽2.5厘米，厚度依所用原料而定。

④ 大菱形片。规格最大，为大菜料形，一般从水发鱼皮、鱿鱼、鱼裙等原料上取片，用于扒、烩。规格为6~8厘米（边长）。

3）直刀片。运用直刀法在不同形状的原料上切下的片统称为直刀片。直刀片体形较小，整齐划一，体壁较薄，具有良好固体性质的脆、嫩、酥烂原料皆宜采用直刀法取片。常用料形有长方片、月牙片、小菱形、夹刀片和佛手片等。直刀片的种类如下：

① 长方片。具有长方形结构，规格有大、中、小3种，大号规格为6厘米×2厘米×0.2厘米，为大菜料形，适用于扒、蒸、烩菜肴的辅料料形；中号规格为5厘米×2厘米×0.2厘米，常用于冷菜料形；小号规格为3.5厘米×1.5厘米×0.2厘米，常用于热菜配料。

② 月牙片。将柱形或球形原料剖开取片，半圆如月牙，一般以原料的半径决定其大小，如藕、黄瓜、土豆、青笋等。加工方法是先将整体原料切成两半，再顶刀切成片。用于热菜时的料形长度（直径）不超过4厘米；香肚、捆蹄半径较长，用于冷碟料形。

③ 小菱形。从菱形条、块上直切取片，多用于热菜的配料，规格近似于小方片。

④ 夹刀片。即一刀切断，一刀不断，两片相连的片形，大小视原料而定。在多数情况下，夹刀片由直刀法或斜刀法产生。

⑤ 佛手片。在扁薄原料上取片，五刀相连。因受热卷曲形似佛手，故又称龙爪。用于烩、拌、炒、爆，菜品有佛手白菜、龙爪长鱼、蓑衣黄瓜等。规格为3.5厘米×2厘米（最大规格）。

⑥ 三角片。又称尖刀片，由三棱柱体的原料上直切取片，多用于热菜的配料，既可以是规则的，也可以是不规则的，其大小、厚薄近似于长方片。

直刀片的加工原则如下：

① 直刀片的厚度依原料质地而定，易碎者应较厚，在0.2~0.3厘米之间，如一般的鱼片、熟肉片等；有一定韧性的原料应稍薄，不超过0.2厘米，如灯影牛肉、黑椒鸡片等。

② 切片时应注意原料的纤维纹理方向，较老者宜逆向，如牛肉片、笋片等；较嫩者宜顺向，如鱼片、鸡片等。

③ 直刀片切面应光滑，片形均匀，厚薄一致。

此外，直刀片尚有鹅毛片、秋叶片、蝴蝶片等多种象形片，皆可用于热菜、冷菜的主料或配料，随形而设，变化众多，意在创造，因其成形原理与上述诸片的加工原理相同，故此不再赘述。

（2）丝与条　将加工成片状的原料再切成细长的形状，即称为丝或条，细的称为丝，粗的称为条，其截面都是正方形。

1）丝。一般情况将细于 0.3 厘米×0.3 厘米，长 4.5~5.5 厘米的细长料称为丝，有粗丝、中细丝、二细丝 3 个基本等级。

① 粗丝。细约 0.3 厘米×0.3 厘米，长 4.5~5.5 厘米，因细如绒线，故又称为"绒线丝"，用于炒、烩、汆等烹调方法。收缩率大或易碎的原料宜切此形，如牛肉、鱼肉等。

② 中细丝。细约 0.15 厘米×0.15 厘米，长 4.5~5.5 厘米，因细如火柴梗，故又称为"火柴梗丝"。收缩较小，具有一定韧性的原料宜切此形，用于炒、拌、汆等烹调方法。

③ 二细丝。细约 0.1 厘米×0.1 厘米，长 4.5~5.5 厘米，因细如麻丝，可穿针引线，故又称"麻线丝"。二细丝适用于固体性强的原料，主要有姜丝、菜叶丝等。

丝的加工方法：先将原料加工成薄片，码叠整齐再切丝。丝的加工方法有卷切式、铺切式和叠切式 3 种。

① 卷切式：将原料卷成柱形，再切成丝，适用于薄而韧的大张原料的加工，如百叶、海蜇皮、蛋皮等。

② 铺切式：将原料铺成整齐的瓦棱形，再切成丝，肉类原料宜用此方法。

③ 叠切式：将原料叠成方正的墩，再切成丝，适用于软、脆嫩性原料，如豆腐、白菜等。

2）条。一般将粗 0.5×0.5 厘米以上和 1.5×1.5 厘米以下，长 3.5~4.5 厘米的细长料形称为条，有粗条、中粗条、细条 3 个基本等级。

① 粗条。粗约 1.5×1.5 厘米，长 3.5~4.5 厘米，因其粗如手指，故又称为"指条"。粗条一般不作为终结的料形，需再加工成丁，如鸡丁，但有少许菜品不需进行再加工，用于扒、炖的烹调方法，如扒羊肉条。

② 中粗条。粗约 1×1 厘米，长 3.5~4.5 厘米，因粗如笔杆，故又称为"笔杆条"，一般适用于熘、炒、烩等烹调方法，也用于冷盘料形制作，如虾子茭白、泡萝卜等。根据需要也可加工成丁。

③ 细条。粗约 0.5×0.5 厘米，长 3.5~4.5 厘米，因粗如竹筷，故又称为"筷子条"。一般用于炒、烩等，如鱼条。根据需要也可加工成丁。

3）丝与条加工注意事项

① 片是加工条、丝的基础，应保证片形平整均匀、厚薄一致。

② 在切丝或切条时，要拿稳厨刀，应保证丝与条的两端粗细一致，防止出现钉子头、扁形、蜂腰等现象。

③ 在切丝或切条时，应保证丝或条根根均匀，互不粘连，防止大小头、碎料过多等情况出现。

④ 对于动物性原料，在加工成丝或条时，要注意其纹理。不宜铺叠过厚，并勤洗、勤刮砧板。一般来说丝的长度要比条略长一些。

（3）块 可通过切和剁的刀工方法实现。块的种类有很多，包括正方块、长方块、菱形块、三角块、瓦形块、劈柴块等，其选择主要根据烹调的需要及原料的性质而定。

1）正方块。呈正立方体，边长均等。在菜肴中常将大方丁以上的料形称为方块，用于红烧、红焖等烹调方法。正方块的规格为 3 厘米×3 厘米×3 厘米。

2）长方块。即长方体，一般有烤方、酱方、蒸方、骨牌块 4 种料形。

① 烤方。长方块中最大的形制，常用于肉的加工，如烤酥方。烤方的规格为 25 厘米×20 厘米×4 厘米，重约 3 千克。

② 酱方。仅次于烤方，为长方块中第二大形制，常用于肉的加工，卤方、熏方皆属此类，适用于炖、焖，如"松子熏方"。酱方的规格为 16 厘米×13 厘米×3 厘米，重 500~750 克。名菜有酱方、火方、枣方、松子肉、东坡肉等。

③ 蒸方。是长方块中的第三大形制，适用于鸭、鱼及冬瓜等的加工。蒸方为蒸制时常用的方形，其中冬瓜方的规格为 6 厘米×4 厘米×2.5 厘米，鱼方、鸭方略小些，规格为 5 厘米×3 厘米×2 厘米。

④ 骨牌块。是长方块中的最小形制，形状大小如骨牌，故而得名。由于其形状较小而不称方，其规格为 2.5 厘米×2 厘米×2.5 厘米。加工成骨牌块的原料，适用于炸、熘、烧、烩等。常将排骨加工成骨牌形状，如糖醋排骨等。

正方块和长方块皆依据原料厚度而确定其高度，因此，其高度不定，而长度和宽度则具有一定的规律性。若长度超过宽度 2 倍以上者，则称为条块。

3）菱形块。又叫"象眼块"，适用于不易变形的原料，用于冷盘造型，如肴肉、卤牛肉、酱鸭脯等。规格通常以每边不超过 2.5 厘米为宜。

4）三角块。多用于豆腐、豆腐干、萝卜、土豆等，动物性原料在剞荔枝花刀时，也要先改刀成三角块，有等腰三角块和任意三角块两种。

① 等腰三角块又称正三角块，即三角块的两腰边长相等，边长不超过 3 厘米，块面平整，常用于豆腐和豆腐干，以及动物性原料剞荔枝花刀前的改刀。

② 任意三角块又称滚料块，适用于球体和柱体原料的块形。任意三角块又有梳背三角和锥形三角之分，前者在滚料时刀平行后移，后者则呈交错角度后移。一般底高不超过 3 厘米。

5）瓦形块。即形似中国旧式小瓦的块形，由正斜刀法产生，宽度两端形成弓形弧度，长不超过 5~6 厘米，常用于瓦块鱼和熏鱼料形的加工。

瓦形块取自鱼体的自然形态，采用斜刀法使之正反两端具有较大坡度截面，而相对变薄，因此也常用于脆熘的方法制熟。

6）劈柴块。形似劈柴，由撬刀法产生，又称撬刀块，是一种特殊块形，仅用于烩冬笋的料形，规格为长 4.5 厘米，宽、厚为 1.5 厘米。

总的来说，块的形状一般较大，既包括用主料加工的块，也包括用配料加工的块，大都适用于中、小火，长时间加热的菜肴。

（4）段　将柱形原料横截成的自然小节叫段，如鱼段、葱段、蒜苗段、豇豆段等。由于原料的自然形体关系，段没有宽窄的限制，只有长短规格不同。

段没有明显的棱角特征，保持原来物体的宽度是段的主要特征。段的长度有一定的规格，分别为3.5厘米、4.5厘米、5.5厘米3种。前两个等级可作炒菜的料形，后一等级可作大菜的料形。如对鱼进行段加工时，若鱼中段超过长度的规格，则称为"鱼方"。

在刀法的运用中，段可用直刀法与斜刀法产生。因此，在形态上，段可分为直刀段与斜刀段两种。

1）直刀段。即运用直刀法加工的段，多用于柱形蔬菜和鱼。在多数情况下，直刀段可再加工成更小料形。

2）斜刀段。即运用斜刀法加工的段，多用于葱、蒜苗等管状蔬菜。运用反斜刀法的段称为"雀舌段"，用于炒、爆的辅料料形。

（5）丁、粒、末　这3种料形皆分别用相应的条或丝加工而成。

1）丁。由条形原料上截下的立方体料形统称为丁，分大丁、小丁两种。大丁由粗条加工而成，又称拇指丁，常用于熘、炒、炸等，如鸭丁、肉丁等。小丁由细条加工而成，又称黄豆丁，常用于炒或制作馅心，如五彩鱼丁、芡实虾仁等。

2）粒、末。由丝状原料上截下的立方体料形称为粒或末。粒由粗丝加工而成，末由细丝加工而成，粒比末大。

以粒状原料制成的菜肴有松子玉米、滑炒鸽松等，亦可用作肉糜料形，为粗蓉。粒适用于肌肉原料，如肉粒；末适用于植物性原料，如姜末、葱末、蒜末等。粒状、末状原料既可用作主料、配料、辅料，也可用于制作馅心等。

2. 原料切割成形前的准备工作

原料切割成形的加工以手工操作为主，具有较强的技术性和一定的劳动强度。对原料进行切割时，技术动作即操作姿势是否符合规范，直接影响到原料切割的形状和规格，关系到操作者的身体健康。不正确的操作姿势是从事烹饪工作的专业技术人员患职业疾病的重要原因之一，这些职业疾病包括腰肌劳损、梨状肌综合征及肩周炎等。此外，那些人为的手指切伤也与此有关。

因此，正确、规范的技术动作，对保证原料成形质量、提高工作效率、减少职业疾病等都具有重要的作用，是刀工操作准确、迅速、精细、安全的保障。另外，在对原料进行切割时，应高度重视厨房用具、设备、环境卫生状况对原料造成的影响。原料切割成形前的准备工作主要包括刀案、工具、操作环境的调整与准备。

（1）**刀案调节**　刀案位置是指刀工操作时工作台位置与周边环境的宽松度，工作台高低一般以操作者的腰高为宜。

（2）**工具规置**　刀、砧板、盛器、洁布、水盆等，厨师在操作前，需将所有工具准备好，并有序、安全地放于工作台上。

（3）卫生准备

1）对原料进行加工前，操作者应对手及所有工具进行清洗，必要时，手部可用 75% 的酒精擦拭。

2）工具可采用蒸汽杀菌、沸水浸烫和紫外线消毒。

3）案板、砧板、地面要清洗、整理干净，保持整洁。

（4）原料准备

1）对准备切割的原料进行整理、解冻、清洗、沥水、盛放等处理。

2）按照要求依据切割原料的品种、数量和切割的先后次序进行备料等处理。

3. 原料切割成形操作

（1）原料切割成形的操作姿势

1）站立姿势

① 双脚呈"八字形"，脚尖与肩齐，两腿直立，挺胸收腹，与案板保持约一拳的距离。

② 双肩水平，双臂收拢自然放松。

③ 目正视，颈自然微屈，重心垂直。

2）握刀方法。手掌心紧贴刀柄，小指、中指与无名指屈起紧捏刀柄，食指屈起与拇指紧贴刀身。

（2）原料切割成形的运刀姿势　指刀的运动及双手的协调配合，具体要求如下：

1）右手执刀，运刀用力于腕肘，小臂运力于腕、掌，做弹性切割、匀速运行。

2）左手按料，拇指与小指按住原料两侧，防止切料松散、滑动、变形。食指、中指与无名指按住原料上端。根据切与批的不同操作方式，食指、中指、无名指的按料方式又分为以下两种形式。

① 指尖微屈，中指突前，中指第一个关节抵住刀身，以规范刀距，并起安全防范作用，用于切的配合；手随刀移，刀随手动。

② 手指伸平按于料面，规范进刀的厚度，用于批片的配合；刀随手移，有节律地向后运行。

4. 原料切割的意义

很多种基本原料的最终定型，在大多数情况下是由多种刀法相互配合实现的，而非单一的刀工处理。原料切割最终服务的是菜肴的烹调。所以，作为厨师，要熟悉不同原料间食材的本质区别、同一种原料不同部位食材的性质等，要依据菜品制作的需求和原料本身的特点，从菜品成菜特点、营养、卫生等诸多方面综合考虑后再行切割。

另外，原料的切割要能起到改善原料品质的作用，使材料在加热过程中受热、成熟、老嫩一致；使易碎的原料变得不易碎，易于烹调；使老的变脆嫩，薄瘦的变得滋润等。

5. 注意事项

1）在料形的运用上，一般用于高温速成和热菜的原料基本料形应该小一些，用于中、低温慢制和大菜菜肴的基本料形应略大些（低温慢煮除外）。

2）对整块（只）禽、肉原料的加工，应遵循分割于整形之中的原则，合理运用排刀法和吞刀法，以适于咀嚼、筷子夹食为度。

3）对原料成形的加工应充分把握大料大用、小料小用的基本原则，尽量防止大中取小，增加成本，造成不必要的浪费。如一味追求料形的美观而造成原料浪费就违背了料形加工的规律，不过特殊菜肴除外。

4）原料切割成形的全过程必须符合食品卫生要求，遵循食品卫生操作规范。

5）切割成形后的原料必须符合菜品设计的色彩、形状、质感等要求。

6）切割成形后的原料必须符合膳食营养的需求。

7）原料切割必须物尽其用，避免浪费，达到成本控制要求。

技能训练 3　白萝卜丝、丁、片、块、段的加工方法

1. 白萝卜丝的加工

1）准备原料——白萝卜。

2）工艺流程：选料→清洗→去皮→切段→切片→切丝→漂水→成形。

3）操作步骤

① 将白萝卜清洗干净后去皮。

② 用直刀法将白萝卜切成 8 厘米长的段，再修成长方体。

③ 将白萝卜段切成 0.1 厘米厚的片，并把片叠成瓦楞形（见 33 页图 2-8 右图），两片之间间距相等。

④ 再用直刀法切成 0.1 厘米粗的丝，重复此法将原料切完即可。

⑤ 将切好的丝漂水后盛放。

4）操作要领

① 切片时厚薄要一致，码放要整齐。

② 切丝时刀距要相等，运刀速度、左手速度要协调。

5）成品要求：白萝卜丝粗细均匀，似火柴梗大小，无大小头。

2. 白萝卜丁的加工

1）准备原料——白萝卜。

2）工艺流程：选料→清洗→去皮→切段→切厚片→切条→切丁→漂水→成形。

3）操作步骤

① 将白萝卜清洗干净后去皮。

② 用直刀法将白萝卜切成段。

③ 将白萝卜段切成 1 厘米厚的片，并把厚片叠成瓦楞形，两片之间间距相等。

④ 再用直刀法切成宽度为 1 厘米的条。

⑤ 最后用直刀法切成 1 厘米见方的丁。

⑥ 将切好的丁漂水后盛放。

4）操作要领

① 切片时厚薄要一致，码放要整齐。

② 丁的大小根据菜品需求设计，大小可调。

5）成品要求：规格大小一致。

3. 白萝卜菱形片的加工

1）准备原料——白萝卜。

2）工艺流程：选料→清洗→去皮→切段→切厚片→切条→切菱形片→漂水→成形。

3）操作步骤

① 将白萝卜清洗干净后去皮。

② 用直刀法将白萝卜切成段。

③ 将白萝卜段切成 1 厘米左右的厚片。

④ 再用直刀法切成横截面是正方形的条，斜刀切成边长 1.5 厘米的菱形块。

⑤ 最后用直刀法切成 0.15 厘米厚的菱形片。

⑥ 将切好的菱形片漂水后盛放。

4）操作要领

① 切片时厚薄要一致，码放要整齐。

② 片的大小、厚薄根据菜品需求设计，大小可调。

5）成品要求：规格大小一致。

4. 白萝卜滚料块的加工

1）准备原料——白萝卜。

2）工艺流程：选料→清洗→去皮→切段→切条→切滚料块→漂水→成形。

3）操作步骤

① 将白萝卜清洗干净后去皮。

② 将圆形白萝卜用直刀法顺长分成 4 份。

③ 将白萝卜用滚料切的方法切制成形。

④ 将切好的滚料块漂水后盛放。

4）操作要领：滚料块的大小要根据菜品要求而定。

5）成品要求：规格大小一致。

5. 白萝卜段的加工

1）准备原料——白萝卜。

2）工艺流程：选料→清洗→去皮→切段→漂水→成形。

3）操作步骤

① 将白萝卜清洗干净后去皮。

② 将圆形白萝卜用直刀法切段。

③ 将切好的段漂水后盛放。

4）操作要领：段的长短、大小要根据菜品要求确定。

5）成品要求：规格大小一致。

技能训练 4　猪里脊肉丝、丁、片、块的加工方法

1. 猪里脊肉丝的加工

1）准备原料——猪里脊。

2）工艺流程：选料→清洗→去筋膜→切块→批片→切丝→漂水→成形。

3）操作步骤

① 将猪里脊肉清洗干净。

② 用平刀法和直刀将猪里脊去掉筋膜，切成块。

③ 将猪里脊块采用平刀片的方法片成 0.2 厘米厚的片，码放整齐。

④ 采用直刀法将猪里脊片切成丝。

⑤ 将切好的肉丝漂水后盛放。

4）操作要领

① 切片时厚薄要一致，码放要整齐。

② 切条时宽度要一致。

③ 切丁时刀距要相等，运刀速度、左手速度要协调。

5）成品要求：成品规格一致。

2. 猪里脊肉丁的加工

1）准备原料——猪里脊。

2）工艺流程：选料→清洗→去筋膜→切块→批厚片→切条→切丁→漂水→成形。

3）操作步骤

① 将猪里脊肉清洗干净。

② 用平刀法和直刀法将猪里脊去掉筋膜，切成块。

③ 将猪里脊块采用平刀片的方法片成 1.5 厘米厚的片，码放整齐。

④ 采用直刀法将猪里脊肉片切成条，再切成丁。

⑤ 将切好的肉丁漂水后盛放。

4）操作要领

① 切片时厚薄要一致，码放要整齐。

② 切条时宽度要一致。

③ 切丁时刀距要相等，运刀速度、左手速度要协调。

5）成品要求：成品规格一致。

3. 猪里脊肉片的加工

1）准备原料——猪里脊。

2）工艺流程：选料→清洗→去筋膜→切块→批厚片→漂水→成形。

3）操作步骤

① 将猪里脊肉清洗干净。

② 用平刀法和直刀法将猪里脊去掉筋膜，切成块。

③ 将猪里脊块采用斜刀法一分为二。

④ 采用直刀法将猪里脊切成片。

⑤ 将切好的肉片漂水后盛放。

4）操作要领

① 切片时厚薄要一致。

② 片的大小符合菜品设计要求。

5）成品要求：成品规格一致。

4. 猪里脊肉菱形块的加工

1）准备原料——猪里脊。

2）工艺流程：选料→清洗→去筋膜→切块→批厚片→切条→切块→漂水→成形。

3）操作步骤

① 将猪里脊肉清洗干净。

② 用平刀法和直刀法将猪里脊去掉筋膜，切成块。

③ 将猪里脊块批成厚片，改刀成条。

④ 将猪里脊条表面排斩，改刀成菱形块。

⑤ 将切好的肉块漂水后盛放。

4）操作要领

① 切片时厚薄要一致。

② 条的宽度一致。

5）成品要求：成品规格一致。

2.3 菜肴组配

原料调配与预制加工工艺是烹调工艺的重要环节和基本功，在烹调过程中占有重要的主导地位，对菜肴的风味特点、感官性状、营养质量等都有一定的作用，对平衡膳食有重要意义。

2.3.1 菜肴组配的概念和形式

1. 菜肴组配的概念

菜肴组配又称配菜，是根据烹调方法、烹饪原料的性质、菜肴成品不同的特点等要求，把加工成形的不同原料加以适当的组织配合，使其成为一份可以直接食用的完整菜品，或经过烹调，转化为可以直接食用的加工过程统称菜肴组配。

2. 菜肴组成

各种菜肴是按照一定质和量构成的。所谓质，是指组成菜肴的各种原料总的营养成分和风味指标；所谓量，是指菜肴中各种原料的重量及菜肴的重量。一定的质量构成菜肴的规格，而不同的规格决定了售价和食用价值。

因此，对菜肴的不同规格进行确定，是组配工艺的首要任务。一般来说，一份完整的菜肴由 3 个部分组成，即主料、辅料和调料。

（1）主料　指在菜肴中占主导地位，是主要构成成分，作用突出的原料，比例较大，通常在 60% 以上，其作用是能反映该菜品的主要营养和主体风味指标。在菜肴组成方面，主料起关键作用，是菜肴的主要内容。对于一份菜肴而言，主料的品种、数量、质地、形状均有一定的要求，几乎是固定不变的。

（2）辅料　又称配料，在菜肴中为从属原料，配合、辅佐、衬托和点缀主料的原料，所占比例较少，通常在 40% 以下，作用是补充或增强主料的风味特性。由于季节、货源等因素的影响，部分菜肴的辅料可随季节的改变而变化。如炒肉丝按季节的变化，春季用韭芽、春笋，夏用青椒，秋用茭白、芹菜，冬用冬笋等；又如江苏名菜翡翠蹄筋，春天用莴笋，夏天用丝瓜。

（3）调料　又称调味品、调味料，包括一些不属于主料、辅料及调味作用的原料，如天然色素、发酵粉、泡打粉、食粉等。调味品主要起确定菜品口味的作用，量少作用大。

3. 菜肴组配形式

菜肴组配的形式，按菜肴食用温度分为冷菜和热菜，按原料性质分为荤菜和素菜，按烹饪方法有炒菜、烧菜，按照地域划分有各地方菜系。无论哪种分类方法都是相对的，菜肴之间有关联性，没有明显的界线。我们一般将菜肴组配形式分为冷菜组配、热菜组配两大类。

2.3.2　配菜要求和基本方法

配菜是一项系统、科学、复杂的操作，作为厨师须充分了解原料的产地、产季、质地、市场供应和库存等情况；了解原料的营养成分，品种数量要合理搭配；懂得原料的加工、烹调方法，定量准确，合理配置；同时还要保证原料的清洁卫生和食用安全；要具有审美意识、文化意识和时代创新意识；另外要注意节约，做到物尽其用。

1. 配菜的要求

（1）配菜的卫生要求　首先，所选用的原料必须保证安全、无毒、无病虫害、无农残；其次，根据所配的各种原料的性质应分别放置，便于烹调操作；再次，配菜盘和盛菜盘要分开使用；最好使用厨房用纸擦拭餐具。

（2）配菜的规格要求

1）确定菜肴的用料。每款菜品的主料、辅料、调料量比固定，一般情况下，不可随意调换、更改、增减等，这样方能保证餐饮企业菜肴出品的质量，让顾客放心消费，维护餐饮企业的信誉。

2）确定菜肴的营养价值。菜肴的规格确定后，各种原料的营养成分也随之固定。不论从单一的菜品组配，还是套菜、宴席的组配，都须考虑原料之间营养素的搭配、互补，从而满足人体营养素的需求，提高人体对营养素的消化吸收率。

3）确定菜肴的口味和烹调方法：

① 菜肴的主料、辅料和调料确定后，菜肴的口味也就基本确定了，些许的改变是厨师操作带来味道的变化。

② 在烹调菜肴时，采用何种烹调方法是依据菜品设计的要求确定的，当菜品设计完成后，所需的主辅调料就已定型。反之，主辅调料定型后的菜品其烹调方法也就基本确定了。

4）确定菜肴的色泽、造型。菜肴的色泽与三个方面有关：一是主料和辅料本身固有的颜色，是一些菜品成菜的基本色；二是调味品赋予的色泽，酱油在作为红烧类菜品调味料时，经过加热，会赋予原料红润的颜色；三是加热产生变色，如虾、蟹类原料，在经过高温油炸或蒸制后，由原来的青色变成红色。旺火速成、短时间烹调的菜肴，其原料形状需加工成丁、丝、条、片等较小的料形；长时间加热的菜肴一般加工的料形较大。

5）确定菜肴价格。价格的核算由三方面来确定：核定该菜肴全部用料的品种、规格、单价、数量、金额等；核定菜肴的成本价格；核定菜肴的售价。当菜肴配好后（即主料、配料、调料确定后），其菜品售价的成本也就能核算出来了。

（3）配菜的营养要求　菜肴原料的搭配和组合要以科学的营养体系为指导，以满足人体对各种营养素的需要。还要注意营养素的保护。在加工过程中要注意减少营养素的损失，提高营养素的利用率。加工原料时应先洗后切；烹调绿叶蔬菜时，应采用旺火速成的方法，以减少维生素C的损失；在烹调时适当加醋，可防止维生素遭破坏，还可以起到去腥解腻，促进动物骨骼中钙的分解，提高对钙的利用吸收。

（4）配菜的感官要求

1）菜肴的色彩组配要求。色彩是反映菜肴质量的重要方面，菜肴的营养、卫生、风味特点等都会或多或少地通过菜肴的色彩客观地反映出来，从而对人的饮食心理产生影响。色彩柔和、配色绚丽的菜品，能增进食欲、促进消化。菜肴的色彩可通过冷色调和暖色调来表示菜肴的温度感。在菜品中几种重要的色彩给人感觉如下：

①　白色给人以洁净、软嫩、清淡之感，如清汤鱼圆、芙蓉鱼片等。但当白色炒菜的油芡交融、油光发亮时，会给人肥腻的味感。

②　红色给人以热烈、激动、美好、肥嫩之感，同时味觉上表现出酸甜、香鲜的味感，如东坡肉、松鼠鳜鱼、北京烤鸭等。

③　黄色给人以温暖的感受，尤以金黄、深黄最为明显，使人联想到酥脆、香鲜的口感，淡黄、橘黄次之，如橙汁猪排、芝士焗龙虾。

④　绿色明媚、清新、鲜活、自然，是生命色，给人以脆嫩、清淡的感觉。绿色原料一般以蔬菜居多，常作为荤菜的点缀围边，使菜肴整体色彩鲜明，减少油腻之感。若配以淡黄色，更显格外清爽、明目，如蒜蓉蒲菜、韭黄里脊等。

⑤　茶色（咖啡色、褐色）给人以浓郁、芬芳、庄重的感觉，同时显得味感强烈和浓厚，如干烧鲫鱼、梁溪脆鳝等。

⑥　黑色在菜品设计中应用较少，给人以味浓、干香、耐人寻味的感觉，如墨汁海鲜烩饭、酥海带等。

⑦　紫色属于忧郁色，但运用得好，能给人以淡雅、脱俗之感，如紫薯卷等。

2）菜肴香味的组配要求。香味是通过人们的嗅觉器官所感知的。研究菜肴的香味，主要考虑当食物加热和调味后表现出来的嗅觉风味。各种水果、蔬菜及新鲜的动植物原料都具有独特的香味，组配菜肴时需要熟悉各种烹饪原料所具有的香味，又要熟知其成熟后的香味，注意保存或突出它们的香味特点，并进行适当的搭配，才能使之符合人们的饮食需求。菜肴香味的组配必须遵循这些原则：主料香味较好，应突出主料香味；主料香味不足，应突出辅料香味；主料香味不理想，可用调味品香味覆盖；香味相似的原料不宜相互搭配。

3）菜肴口味的组配原则。口味是通过人的口腔感觉器官——味蕾鉴别的，是菜肴第一评价标准，是菜肴的灵魂所在，一菜一味，百菜百味。原料经烹制后具有各种不同的味道，其中有些是人们喜欢的，需要保留发挥；有些是人们不喜欢的，需要采用各种手法去除或改变其味道。这就需要把它们进行适当的组配。我国四季分明，季节与口味也相互影响，一般夏季清淡、冬季浓烈、春秋季适中。

4）菜肴原料形状的组配要求。指将各种加工成形的原料按照既定要求进行组配，组成特定形状的菜肴。菜肴形状的组配，不仅关系到菜肴的外观，而且直接影响到烹调和菜肴的质量，是配菜的一个重要环节。菜肴好的形态能给人以舒适的感觉，增加食欲；臃肿杂乱则使人产生不快，影响食欲。菜肴形状组配时应注意以下几个方面。

① 依加热时间长短来组配。菜肴的烹调加热时间有长有短，菜肴原料的形状大小必须适应烹调方法。烹调时间较短的菜肴，组配原料宜小不宜大，应选择形状细小的烹饪原料；加热时间较长的菜肴，组配原料宜大不宜小，应选择体型较大的原料，如整鸡、整鸭等。

② 相似相配。所配的主料、辅料、点缀料必须相似相近，有规可循，大致可分为 4 种情况：料形统一、辅料服从主料、辅料尽量近似主料、单一与整体的和谐统一。

5）菜肴原料质地组配要求。组配菜肴的原料品种较多，同一品种的原料又由于生产环境和时间不同，性质有很大差异，质地有软、嫩、硬、脆、老、韧之别，在配菜时，要根据其质地合理搭配，需注意以下几个方面。

① 同一质地原料相配。在菜肴原料的组配中，常以质地相同的两种或两种以上的原料组配在一起，即质地脆配脆、嫩配嫩、软配软，如汤爆双脆。

② 不同质地原料相配，即将不同质地的原料组配在一起，使菜肴的质地有脆有嫩，口感丰富，给人以一种质感反差的口感享受，如宫保鸡丁。

③ 质地的层次搭配，是菜品设计的最高要求，就是使不同质地的原料有机结合在一起，在一款菜品中体现不同的层次感。

2. 配菜的基本方法

（1）冷菜组配　冷菜组配包括一般冷菜组配和工艺冷盘组配。一般冷菜组配包括单一原料冷盘组配、多种原料冷盘组配、什锦冷盘组配。工艺冷菜组配包括花色拼盘冷菜组配。

1）单一原料冷盘的配制。冷菜大多数以一种原料组成一盘菜肴，有时可根据需要辅以适当的点缀，常用于多种形式的造型，如馒头形、桥梁形、扇面形、山水形、鱼虾形、宫灯形等。

2）多种原料冷盘的配制。两种以上冷菜原料组成一盘菜肴，除花色冷盘外，主要用于拼盘和花色冷盘的围碟。此类冷盘的组配应注意原料在口味上应相似，形状上便于造型，数量上有一定的比例，色彩缤纷。形式有双拼、三拼、六拼及多种单只造型冷盘。

3）什锦冷盘的配制。用 10 种左右冷菜原料构成，是多种冷菜原料组配的特例，经适当加工，成为色彩绚丽、排列整齐、大小有度、刀工精细并有一定高度的大冷盘。什锦冷盘充分运用了对称均衡的构图原理，使原料之间大小相等、高低相齐、长短一致、方向一致，具有制作难度大等特点。

4）花色冷盘组配。就是将各种加工好的冷菜原料按照一定次序、层次和位置，在盘中拼摆成一定的形状，供客人食用和欣赏的一种冷菜成菜工艺。花色冷盘能通过图案、文字、色彩的完美组合，把宴席的主题充分体现出来。从工艺角度来看，花色冷盘是刀工技艺、组配技艺、成型技艺、调色技艺的综合体现。要做好花色冷盘拼摆，除了上述各种技艺，还要学会构思和构图。

① 构思。根据宴席的要求，明确主题，选定题材和内容，以及作品的表现手法。在构思前，必须先对宴席的具体情况有充分的了解，然后才能确定相应的制作内容和表现手法。首先，要针对宴席的不同性质，构思与其相适应的主题。如婚庆宴席，可用"龙凤呈祥""百年好合"等主题。其次，宴席的规模和标准对冷拼的内容和表现手法有直接影响。如果规模较大、参与宴会人数较多，冷拼内容应简洁，表现手法应简便快速，而对于档次较高、规模小的宴席则相反。再次，根据宴席不同的时间、地点和就餐对象而定，有的宴会主题不常见，但有特定或特殊意义，可以选择当地的人文景观、季节性标志等主题。

② 构图。在明确了宴席主题后，最重要的就是构图。要完成构图需做以下工作：第一，处理好餐具与构图的关系；第二，处理好虚与实的关系；第三，处理好主与次的比例关系；第四，处理好图案和色彩的协调关系。

（2）**热菜组配** 热菜组配包括：一般热菜组配（单一原料热菜组配、主辅料热菜组配），多种原料热菜组配。

1）单一原料热菜组配，即菜中只有一种主料，没有配料。以动物性原料进行组配的，对原料要求高，原料必须新鲜、质嫩，如干烧大虾、清蒸鳜鱼等。而植物性原料大多数绿叶蔬菜都可以进行单一原料的组配。

2）主辅料热菜组配，指菜肴中主料和辅料并存，并按一定比例构成。一般情况下，主料为动物性原料，辅料为植物性原料。主辅料菜肴组配时，要注意主辅料各自的特点，在数量、口感、营养等方面要突出主料的地位，而辅料则是丰富、补充的作用。主辅料的比例一般为9:1、8:2、7:3、6:4等形式。

3）多种原料热菜组配，即菜肴中主料品种的数量为两种或两种以上，并且之间无明显辅料之别，每种料的重量基本相同。在配菜时应注意原料的成熟度，将两种原料分开放置配菜，如汤爆双脆等。

2.3.3　餐具选用的原则与标准

菜肴盛装的器皿根据菜肴品种进行选择，盛具大小，既要与菜肴数量、形状和烹调方法相适应，也要与菜肴的色彩和宴会的档次相适应。

餐具按质地材料分，有金（镀金）、银（或镀银）、铜、不锈钢、瓷、陶、玻璃、竹、漆器等；从形状上分，有椭圆、方形、多边形、象形等多种形状；从餐具的功能分，有炒炸菜、汤菜、烩菜、冷菜等之分。选择餐具时应考虑以下几个方面。

1. 依据酒店定位定餐具

首先必须确定餐饮企业档次和类型，再确定菜肴的品种，最后搭配合适的餐具。高档的企业搭配高档的餐具，普通的中小型企业餐具只要适合即可。另外，餐具还可以根据酒店的装修风格来定。

2. 依据菜肴的类别定餐具

菜肴的类别是指冷菜、炒菜、大菜、汤菜等。一般遵循的原则是大菜和花色拼盘用大的器皿，其他用小器皿。无汤水的用平盘，有汤水的用深盘或碗。具体如下：

（1）爆、炒、炸、煎类菜品的餐具选用　此类菜品一般无汤汁，盛装的餐具以平盘为主，可用圆盘、方盘、腰盘、异形盘等。零点菜品一般选用 9~12 英寸（直径 23~30 厘米）平盘，宴席一般选用 12~16 英寸（直径 30~41 厘米）平盘。另外，如采用分餐制，此类菜品装盘一般所需的尺寸和份菜的大小相差不大。

（2）烧、烩、蒸、扒类菜品的餐具选用　此类菜品一般带有一定的汁水，餐具宜选用汤盘为主，盘子要比平盘稍深点，防止汤汁外溢。也有部分烧菜、烩菜选用碗或煲等餐具，要根据菜品灵活运用。零点菜品一般选用 12~14 英寸（直径 30~36 厘米）汤盘，宴席选用 14~18 英寸（直径 36~46 厘米）汤盘。

（3）炖、焖、煨、煮类菜品的餐具选用　此类菜品一般含有较多汤汁，餐具多选用汤碗或砂锅。盛装时汤汁不能超过餐具的 90%，如果是砂锅煲制的菜肴，最好连砂锅一起上桌，可起到保温保香的作用。

3. 依据菜肴的形状、色泽定餐具

菜品在设计时形状、色泽已定型，部分菜品可依据形状和色泽来选择餐具，如整鱼的菜肴可以选择椭圆形盘子；而如果鱼去骨以鱼块的形式分餐，则可以选用圆形的窝盘。白色的菜肴可以选用黑色的盘子，如芙蓉类的菜品。另外，要根据菜品设计的要求进行搭配，如炒虾仁可用带青色的荷叶盘。

4. 依据宴席规格定餐具

宴席分为高中低 3 个档次，从类型上划分有商务宴、喜宴、寿宴等，企业可以根据不同宴席规格档次选择餐具，要突出宴席的特点，与宴席设计相得益彰。

技能训练 5　青椒里脊丝的组配

1）主料：猪里脊肉 350 克。

2）调辅料：青椒 75 克，盐 6 克，味精 5 克，料酒 15 克，生姜、葱各少许，淀粉、色拉油适量。

3）工艺流程：猪里脊肉洗净→切片、切丝→上浆。

4）操作步骤

① 将猪里脊肉洗净，改刀成片，再切成丝待用。

② 将青椒切成丝，姜切菱形片，葱切段。

③ 将肉丝放入碗中，加盐、味精、料酒搅拌上劲，撒上干淀粉拌匀后加色拉油拌匀即可。

技能训练 6　红烧鲫鱼的餐具选择

1）红烧鲫鱼装盘时餐具的选择需根据鲫鱼数量的多少和大小而定，如四条或两条一份，选择腰盘或椭圆形盘子比较合适。

2）数量较多，大小在 1 两（50 克）左右的，可以选择砂锅作为盛器。另外，当鲫鱼烧熟后按位菜来上时，如果是整条可以选用腰盘或椭圆形盘子，如果将肉取下来了可以选用平盘或异形盘。

复习思考题

1. 原料分割取料的要求是什么？

2. 刀具使用后如何保养？

3. 磨刀的操作要点有哪些？

4. 刀具是否锋利的检验标准是什么？

5. 砧板如何保养？

6. 简述丝的种类及成形规格。

7. 简述配菜的基本要求。

8. 如何根据菜品选择餐具？

项目 3

原料预制加工

▼ ▼ ▼

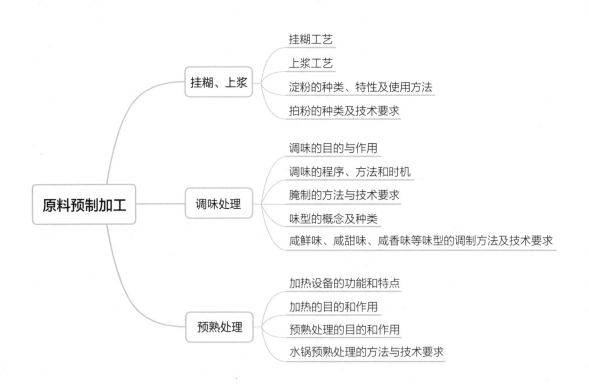

原料预制加工
- 挂糊、上浆
  - 挂糊工艺
  - 上浆工艺
  - 淀粉的种类、特性及使用方法
  - 拍粉的种类及技术要求
- 调味处理
  - 调味的目的与作用
  - 调味的程序、方法和时机
  - 腌制的方法与技术要求
  - 味型的概念及种类
  - 咸鲜味、咸甜味、咸香味等味型的调制方法及技术要求
- 预熟处理
  - 加热设备的功能和特点
  - 加热的目的和作用
  - 预熟处理的目的和作用
  - 水锅预熟处理的方法与技术要求

3.1 挂糊、上浆

3.1.1 挂糊工艺

将淀粉、面粉、水、鸡蛋等原料的混合糊均匀裹覆在原料的表面，这一工艺流程即为挂糊。经挂糊后的原料一般采用煎、炸、烤、熘、贴的烹调方法。根据不同烹调方法的要求以及调配方法和浓度的差异，对应的糊的品种也相当繁多，制成的菜肴也各有特色。挂糊后的菜肴在色泽上有金黄、淡黄、纯白等，在质感上有松、酥、软、脆等，外层与内部原料的质地会形成一定的层次感，如外脆内嫩、外松内软等，具有增加和丰富菜品风味的作用。

1. 挂糊原料的选择

（1）粉料的选择 挂糊的粉料一般以面粉、米粉、淀粉为主，选择粉料时一定要保证其是干燥状态，否则调糊时会出现颗粒，无法均匀包裹在原料表面。同时还要根据糊的品种来合理选择粉料品种，有的以面粉为主，如全蛋糊；有的以淀粉为主，如水粉糊；有的需要将几种粉料混合使用，如脆皮糊。

（2）鸡蛋的选择 鸡蛋是上浆和挂糊常用的原料之一，一定要保证鸡蛋新鲜，因为有的糊只用蛋黄或蛋清，如果鸡蛋不新鲜就不利于将两者分开，特别是制作高丽糊时，鸡蛋的新鲜程度会直接影响起泡效果。

（3）主料的选择 挂糊的主料选择范围较广，除动物性肌肉外，还可选择蔬菜、水果等，在料形上除切割成小形的原料外，也可选用形体较大或整只的动物性原料。

（4）油料的选择 有一些糊需要起酥、起脆，通过油脂可使糊达到酥、脆的质感，一般脆皮糊用色拉油，酥皮糊用猪油。

（5）膨松剂的选择 脆皮糊、发粉糊等糊的调制需要一定数量的膨松剂，常用的品种有苏打粉、发酵粉、泡打粉等，添加量根据品种不同灵活掌握。

2. 糊的种类与调制方法

（1）水粉糊 水粉糊即用水与淀粉直接调制成的糊。由于淀粉的密度大（1.5~1.6克/厘米^3），淀粉浆在放置过程中会出现分层和沉淀现象，挂糊时要不断搅拌，以免糊浆不匀或脱落，调糊的投料标准为800克干淀粉可掺入650克水，糊的浓度较大。一般适用于脆熘的烹调方法，如醋熘鳜鱼、熘松花蛋等菜肴。

（2）蛋粉糊 蛋粉糊就是用鸡蛋同淀粉、面粉一起调制而成的糊。由于淀粉黏度不够，不易包裹原料表面，所以大部分糊中都要加入一定比例的面粉，又因面粉含有面筋质，黏性较强，具有筋力，但纯面粉糊成熟后易吸湿回软，脆度不及淀粉糊，所以将两者结合起来可以相互补充，一般面粉与淀粉的混合比例为 6 ∶ 4。根据鸡蛋使用部位的不同可将蛋粉糊分为以下几种类型。

1）全蛋糊，就是将整只鸡蛋与面粉、淀粉、水一起调制成糊，调制时应先用水与淀粉、面粉调均匀，然后再与鸡蛋一起调匀，如果先用鸡蛋与面粉调和，会出现许多颗粒，而且很难调开，直接影响菜肴的美观。一般面粉和淀粉的重量是鸡蛋的 3 倍左右，水的量则根据糊的浓稠度来控制。挂全蛋糊的菜品色泽金黄、质感酥脆。

2）蛋黄糊，选用鸡蛋黄与面粉、淀粉、水、猪油一起调匀成糊。蛋黄与面粉、淀粉、猪油的调配比例为 2∶3∶1∶1。在糊中加入了猪油，加大了面粉比例，因此面粉与油混合后会增加酥松感，酥松是蛋黄糊的最大特点。

3）蛋清糊，有两种调配方法。一种是将蛋清直接与面粉、淀粉调制成糊。另一种糊使用得更多，又称发蛋糊、高丽糊等，通过打蛋器对蛋清进行搅打，将空气搅入蛋清中，形成泡沫液膜，将空气截留住，经反复搅打，蛋清形成的气泡由大变小、由少变多，由流动性泡沫逐步变成稳定性泡沫，然后加入干淀粉拌匀，一般蛋清重量与淀粉的比例为 2∶1。调好的发蛋糊不宜过多搅拌，否则会使蛋清中的蛋白质分子表面变性过度，造成泡沫破裂，使体积变小、色泽变次，糊的膨松性和黏附性减弱。

对蛋清起泡有影响的蛋白质是卵黏蛋白和清蛋白。在搅打过程中只有卵黏蛋白才能起泡，因此蛋品中卵黏蛋白含量越多，起泡效果越好。清蛋白在搅打过程中不起泡，且当其与空气接触后即凝固，这样容易使泡沫漏气而塌陷，因而影响泡沫稳定性。同时由于清蛋白凝固，使形成的泡沫变硬，影响制品的柔软性。因此在搅打过程中如何避免清蛋白变性后与空气接触而凝固，是搅打蛋清泡沫技术的关键。在搅打的过程中添加白糖能提高清蛋白变性凝固的温度，在化学上称为解胶作用。因此在搅打蛋清时，及时添加少量白糖，就可以延迟凝固的时间，这样所产生的泡沫匀滑而稳定。添加的白糖要精细，才能与蛋清充分结合。在搅打蛋清开始起泡后再加糖较合适，过早添加白糖，形成泡沫会困难些。同时加糖后的蛋清比不加糖的蛋清需要搅打的时间更长，才能形成稳定的泡沫，但不必担心搅打过度的问题。此外，调好的蛋清糊必须立即使用，否则也会使空气流失，使糊变稀而影响质量。使用蛋清糊的菜肴在油炸时温度不能太高，一般控制在 90~120℃，成品的特点是色白、松软。

（3）**发粉糊**　就是在面粉和淀粉糊中加入发酵粉，使糊成熟后更加膨松、香脆，但发粉糊的调配难度较大，特别是发酵粉添加的量和时间都要控制准确，发酵粉过少、时间较短都不能达到膨松的效果，发酵粉过多或时间太长则膨松过度而容易破裂。发粉糊可分为以下几种类型。

1）脆皮糊，有发粉糊和酵粉糊两种。采用发粉糊炸制的菜肴特点是皮略脆，色泽金黄，内部膨胀松发；采用酵粉糊炸制的菜肴特点是皮脆，色泽深黄，膨胀饱满，内部软嫩。

发粉糊调配方法是将面粉和淀粉掺和，一般常用的发粉糊用料及比例是：面粉 30%、淀粉 20%、水 35%、蛋清 8%、色拉油 10%、泡打粉 1%，面粉、淀粉先加入水调成糊状，再加入蛋清拌匀，放入泡打粉搅拌，最后将色拉油均匀地调入糊中，放置 30 分钟后即可挂糊油炸，油温控制在 170℃ 左右最利于糊的膨松。

调制发粉糊时要注意以下几点：泡打粉过多，易冲破表面的糊，使外表不光滑，影响美观；泡打粉过少则胀发不饱满，制品酥脆性差；调制发粉糊必须用凉水，因凉水不会使面粉中的蛋白质变性，也不会使淀粉糊化，可使蛋白质结合水形成致密的面筋网络，这样的糊质地硬实爽滑，有利于在炸制时形成细密的气孔，用热水则易使蛋白质变性和淀粉糊化，同时不利于泡打粉的后期起效性；泡打粉要干燥、品质高，否则会影响制品的胀发和酥脆程度。

酵粉糊是用面肥、面粉、油、水等调制而成，其中面肥是关键，面肥就是之前留的发酵糊，比例不定，根据时间和温度等来投料，需要放置较长时间，而且需要兑碱，其他配料和方法一样。它们在调制时都要注意以下要点。

① 调制酵粉糊时，调匀后要醒 3~4 小时，临用前加碱水调匀后使用。

② 原料挂糊要保证挂均匀，挂糊后要在盛糊的容器边缘抹净附着的多余糊，不宜"拖泥带水"地放入油锅内，那样会出现满油锅的"尾巴"。

③ 油温宜在六成热后下入原料，如油温低，糊中会含油、不脆，如油温高，会使表面颜色加重，影响菜肴的质量。

2）啤酒糊，用料及比例是：面粉 30%、淀粉 20%、啤酒 35%、发酵粉 5%、色拉油 10%，面粉、淀粉先加入啤酒调成糊状，再放入发酵粉搅拌，最后将色拉油均匀地调入糊中，放置 30 分钟后即可挂糊油炸，油温控制在 170℃ 左右最利于糊的膨松。其成品既膨松又有啤酒的香味。

3）蜂巢糊，有两种调制方法：一种是将面粉烫熟后与油充分混合均匀，然后将原料包裹在里面，放入油中炸，成熟后形成丝网状；另一种是将煮熟的芋头塌成泥，加油混合均匀，将原料包入，与上面的方法一样炸制成形即可。

有些菜肴为了增加某种香味或特殊口感，还在调好的糊中加入一些辅助原料，如吉士粉、花椒粉、葱椒盐、豆腐泥、虾蓉等，使菜品风味更加突出，但调糊方法都是以上述几种类型的糊为基础的。

3. 挂糊的操作要领

糊的浓稠度要根据原料质地灵活掌握，质地较老的原料，糊的浓度应稀一些；质地较嫩的原料，糊的浓度应稠一些。因为较老的原料本身所含的水分较少，可容纳糊中较多的水分向里渗透，所以浓度应稀一些；而较嫩的原料本身所含水分较多，糊中的水分要向里渗透就比较困难，所以浓度就应稠些。特别是一些果蔬原料，因水分较多，如果糊过稀会使原料水分蒸发，成品变软而且不能成形，所以在炸果蔬原料时糊应稠浓一些。

经过冷冻和未经冷冻的原料，糊的浓度也不相同，前者应浓稠一点，后者相对要稀一些。因经过冷冻的原料在解冻时会发生汁液流失现象，所以糊的浓度应稠些，以便吸收从原料内流出的汁液，如果过稀则容易脱糊；而未经冷冻的原料，不存在汁液流失现象，所以糊的浓度可相对稀些。

烹饪原料挂糊或上浆前，如原料表面带有较多的水分，使糊或浆的浓度变稀，会影响糊化后的黏度，造成脱糊现象。因此挂糊或上浆前必须把原料表面的水分除去。对水分较多、表面光滑的原料挂糊时，可在原料的外表先拍上一层干粉，然后再拖上糊下锅油炸，这样可使干粉吸收原料表面的水分，同时使表面干燥不平，使糊更容易附着，避免脱糊现象。

调粉时一定要调开，不能带有颗粒。如果淀粉浆浸泡得不够，会导致淀粉吸水不充分，糊化不够彻底，从而影响淀粉黏度。淀粉黏度随着糊化程度增加而增加，完全糊化后的淀粉黏度最高。因此，淀粉浆在使用前应提早将淀粉加水浸泡，使淀粉颗粒充分吸水膨胀，以获得最高黏度。挂糊时也要包裹均匀，不能出现破裂，否则原料水分溢出，会出现脱糊和油锅炸油等现象；挂糊后的原料在下锅时要分散、分次投入，防止相互粘连。调味品对淀粉黏度也有较大的影响，比如淀粉浆与醋、糖一起加热时，糊化很慢，同时黏度下降。

3.1.2　上浆工艺

将原料用盐、淀粉、鸡蛋等裹拌外表，使外层均匀粘上一层薄质浆液，外表形成软滑的保护层，此过程称为上浆工艺。上浆的主料应该是动物性的肌肉组织，因为上浆工艺与原料蛋白质有直接关系，而且原料的形状必须是片、条、丁等小型的形状。上浆后的原料一般采用爆炒等旺火速成的制熟方法，如果原料过大，既不利于成熟，也不便于上浆操作。

1. 上浆的目的和作用

（1）增加原料的持水能力　上浆时一般先要投入一定量的盐，并进行搅拌，使肌原纤维中的盐溶性蛋白在盐作用下经不断搅拌而游离出来，从而增加蛋白质水化层的厚度，提高蛋白质的亲水能力。因为动物性肌肉的蛋白质也存在正负离子，蛋白质颗粒的表面都带有电荷，加入适量的盐后，既增加了蛋白质表面的电荷，提高了蛋白质的持水能力，同时经搅拌，也使肌肉的柔嫩性得到一定程度的改善。

上浆原料不同，采用的上浆方法也就不同，添加盐的方法也各异。本身质地细嫩、水分含量较多的原料，上浆时先加入盐与原料一起搅拌，而且是一次性加盐，直接搅拌到原料上劲（具有一定的黏稠性），然后再添加淀粉和蛋清。对本身质地较老、含水量不足的原料来说，则需要通过加水和加碱的方法来加以改善，行业中称为"苏打浆"。如牛肉上浆时先加入一部分盐，同时加入一部分水，然后进行初次搅拌，待水分被牛肉吸进以后，加入小苏打粉末搅拌，若此时水分不足，还可加入少量水，最后再加剩余的盐，与其他辅料一起搅拌上劲即可。

（2）使菜品口感滑爽　盐还可以缩短上浆原料的成熟时间，减少组织水分的损失。因为肌肉中蛋白质凝固的温度因电解质的存在（如盐）而降低，所以使上浆后的肌肉变性凝固的温度降低到 50~60℃。避免了高温使原料水分气化，保证了菜品滑嫩柔软的要求。

（3）使菜肴具有基本味　上浆时除了用盐使原料有一个基本咸味外，还可添加一些香辛调味汁，常用的是葱、姜、料酒，起去腥增香的作用。上浆原料的外层是淀粉浆，淀粉受热后糊化，可阻止原料水分外溢，起保护水分的作用。同时也对调味料的进入有阻止作用，加上烹制时间较短，调料是无法进入原料内部的，一般是包裹在原料的外表，虽然在包裹的调料中也有香辛料，但对原料起的作用只能是间接的，所以在上浆时必须先加入葱、姜、料酒与原料一起搅拌入味，才能直接起到去腥增香的作用，同时与原料外层包裹的调料相互协调，使内外口味均匀一致。

2. 上浆的工艺流程

（1）致嫩　在上浆的过程加入碱、小苏打等致嫩剂，可使原料充分吸水，达到致嫩目的，上浆时一般与淀粉浆、蛋清浆配合使用。致嫩工艺主要针对动物肌肉原料，常用的几种方法如下。

1）碱致嫩，在肌肉中与持水性关系最密切的主要是肌球蛋白。每克肌球蛋白能结合0.2~0.3 克水，溶液 pH 对蛋白质的水化作用有显著的影响。碱致嫩主要是破坏肌纤维膜、基质蛋白等，组织结构使其疏松，有利于蛋白质吸水膨润，提高了蛋白质的水化能力。但用碱致嫩的肉类原料，成菜常常会有一种不愉快的气味，更重要的是原料的营养成分会受到破坏，损失最大的为各类矿物质和 B 族维生素。根据使用的致嫩剂不同，其致嫩方法可分为两种。

① 碳酸钠（食用碱）致嫩，用 0.2% 的碳酸钠溶液将肚尖或肫仁浸置 1 小时，可使其体积膨胀、松嫩而洁白透明，取出漂净碱液即可用于爆菜。

② 碳酸氢钠（小苏打）致嫩，常用于牛、羊、猪瘦肉的致嫩，每百克肉可用 1~1.5 克小苏打上浆致嫩，上浆后需静置 2 小时再使用，常用于滑炒菜肴和煎菜。在用小苏打致嫩时，需添加适量糖缓解其碱味，糖的折光性使原料成熟后，又具有一定的透明度。

2）盐致嫩，就是在原料中添加适量盐，使肌肉中肌动球蛋白溶出成为黏稠胶状，使肌肉能保持大量水分，并吸附足量水。

3）嫩肉粉（剂）致嫩，有些原料特别是牛肉、肫、肚等常用嫩肉粉（剂）腌渍致嫩。嫩肉粉（剂）的种类很多，如蛋白酶类，常见的有木瓜蛋白酶、菠萝蛋白酶、无花果蛋白酶、猕猴桃蛋白酶、生姜蛋白酶等植物蛋白酶，这些酶能使粗老的肉类原料肌纤维中的胶原纤维蛋白、弹性蛋白水解，促使其吸收水分，细胞壁间隙变大，并使纤维组织结构中蛋白质肽链的肽键发生断裂，胶原纤维蛋白成为多肽或氨基酸类物质，达到致嫩目的。由于嫩肉粉主要是通过生化作用致嫩，对营养素的破坏作用很小，并能帮助消化，在国内外已广泛应用。嫩化方法通常是将刀工处理过的原料加入适当的嫩肉粉，再加少许清水，拌匀后静置15分钟左右即可使用。蛋白酶对蛋白质水解产生作用的最佳温度为60~65℃，pH在7~7.5之间。大量使用时为每千克主料用嫩肉粉5~6克，如原料急于使用，加入嫩肉粉拌匀后放在60℃环境中静置5分钟即可使用，效果也很好。

4）原料中添加其他物质致嫩，在肉糜制品中加入一定量的淀粉、大豆蛋白、蛋清、奶粉等可提高制品的持水性。热加工时，淀粉糊化温度高，蛋白质变性温度相对较低，这种差异使制品嫩度提高；在咸牛肉中添加精氨酸等碱性氨基酸有软化肉质的作用；锌可提高肉的持水性。

5）常用原料的致嫩实例，以下是几种常用原料的致嫩方法。

① 牛肉致嫩：牛肉500克，小苏打5克，松肉粉1克，淀粉25克，生抽10克，清水75克。先把牛肉切成厚片，取部分清水和小苏打调匀，再放进生抽搅拌，将淀粉和松肉粉用剩余的清水调匀，分几次加入牛肉片中，边加边搅拌，放置2小时即可。

② 虾仁致嫩：虾仁500克，蛋清15克，小苏打2克，味精5克，盐5克，淀粉15克。虾仁洗净后用毛巾吸干水分，加盐、味精拌匀，将蛋清加淀粉、小苏打调成糊，加入虾仁拌匀，放入冰箱冷藏2小时即可。虾仁上浆时不宜加入料酒，因为虾仁中蛋白质含量较高，加料酒时，料酒中的乙醇渗透到细胞内，通过氢键与蛋白质结合，其结合力大于蛋白质与水的结合力，会使蛋白质持水力降低，出现脱水现象，而虾仁脱水会影响上浆浓度，造成脱浆现象，失去上浆效果。此外，当乙醇渗透到细胞内时，会使蛋白质粒子的静电斥力增大，使多肽链伸展，乙醇分子进入肽链间的空隙，通过氢键与蛋白质结合而削弱蛋白质分子内氢键的形成，从而破坏蛋白质空间结构，浆糊会将虾仁紧紧裹住，乙醇难以散发，影响虾仁风味，甚至出现怪味。结果使蛋白质变性，影响虾仁的弹性，而失去应有的口感。

③ 猪肚致嫩：将猪肚洗净，铲去皮、肚膜、肥油，切成梳子形，加食用碱腌1小时，然后用清水浸泡1小时即可。

④ 排骨致嫩：猪排骨500克，小苏打3克，味精2克，沙姜粉10克，五香粉12克，将它们一起拌匀后腌2小时，油炸前拍上干粉或面包粉即可。

⑤ 带子致嫩：带子500克，小苏打4克，盐2克，味精3克，白胡椒粉2克，淀粉15克。先将带子用毛巾吸干水分，加前4种调料腌制1小时，再加淀粉拌匀即可。

（2）**加盐搅拌** 在切割好的原料中加一定量的盐并搅拌，直至原料黏稠有劲，此法是稳定原料持水量的手段，使肌原纤维中的盐溶性肌蛋白在盐的作用下经不断搅拌而游离出来，从而增加蛋白质水化层的厚度，提高蛋白质的亲水能力。同时，加盐搅拌还增加了蛋白质表面的电荷，提高蛋白质的持水能力，并使肌肉中部分蛋白质游离出来，具有黏稠性，使肌肉更加柔嫩。在对肌肉粗老的原料进行搅拌时要加入一定量的致嫩剂，如牛肉的上浆，由于牛肉的纤维粗韧，牛肉内部筋膜较其他动物性原料多，含水量低，因而加入致嫩粉可促进牛肉肌纤维中的蛋白吸水膨胀，同时对牛肉纤维膜具有一定的作用，能够破坏肌肉蛋白中的一些化学链，从而使牛肉的组织更加疏松。

对于虾仁、鱼片等含水量较大的原料更要加盐搅拌，因为虾仁含水量较大，上浆后，不仅浆中水分向里渗透有困难，而且虾仁内部水分向外渗透，使浆液浓度下降，达不到一定的黏度，滑油时会造成脱浆现象。上浆前先用盐腌一下，使虾仁细胞内溶液的浓度低于细胞外的浓度，这样水就从细胞内通过细胞膜向细胞外渗透，就可挤出部分水分，上浆时就易掌握浆液的浓度，保证糊化后达到一定的黏度，避免了脱浆。同时由于盐向细胞内部扩散，使部分蛋白质发生盐析作用，改变了蛋白质功能，使虾肉变得挺实，便于入味，成菜鲜嫩。

（3）挂浆

1）水粉浆，将调好的水淀粉直接与原料拌匀而成，主要适用于含水量较大的一些动物内脏，如猪腰、猪肝等，上浆前不需加盐搅拌上劲，但挂浆时间不能过长，一般在下锅前用水淀粉直接拌匀即可。

2）蛋清浆，作为挂糊或上浆的原料，有的全部由淀粉调制，有的在淀粉糊中添加一定比例的蛋清。蛋清中蛋白质含量较多，受热后，蛋白质分子内部原有的特定空间结构发生变化，使多肽链伸展开，分散于水中形成黏性的胶体溶液，紧紧地包裹在原料外面，使原料外部凝成一个薄层，起到保护作用。在继续加热的过程中，伸展开的肽链又进一步互相交织，凝聚形成凝胶体。蛋白质凝胶体持水力大，并且具有弹性。

（4）静置　上浆后的原料不宜立即下锅滑油（蛋清浆），否则容易脱浆，应放置在5℃左右的温度中静置，使原料表面稍有凝结，这样既保护了原料的成形，也不容易脱浆。对于加入小苏打致嫩的原料，静置时间可以更长一些，便于肌肉进一步吸水，但在原料中要加入一些色拉油，防止时间过长后外表干燥、失水。

3. 上浆工艺的操作关键

应提早将淀粉浸泡在水中，使淀粉粒充分吸水膨胀，以获得较高的黏度，从而增加烹饪原料的黏附性。

烹饪原料上浆前，原料的表面不能带有较多的水分。如果表面沾有许多水，必须用干布或厨房用纸吸去水分，以免降低淀粉浆的黏度，影响淀粉浆的黏附能力，造成烹饪过程中的脱浆现象。在调蛋清浆时，不能用力搅打，以免起泡而降低黏度，蛋清用量也不宜过多，否则会出现游浆或下锅后相互粘连的现象。准确掌握盐的用量，盐除了能增加原料持水性外，还使原料具有一定的基本味，如果口味偏重则无法调整，更无法进行继续调味，从而影响菜品的整体风味。

烹饪原料上浆后，在下油锅前先加点油。这主要起润滑作用。因为不论淀粉还是蛋清，遇热后都会形成黏性较大的胶体溶液，紧紧地裹在原料表面。因此在滑油时，原料因黏性增加，彼此间互相黏结，不易滑开滑透。如果在挂糊或上浆后，加点油抓匀再滑油，则原料周围被油滑润，下锅后原料易分散，避免了相互粘连，便于成形，菜肴也显得滑润明亮，同时避免下热油锅时产生"噼啪"作响、热油回溅、崩爆的现象。

3.1.3　淀粉的种类、特性及使用方法

淀粉是植物生长期间以淀粉粒形式贮存于细胞中的贮存多糖。它在种子、块茎、谷物、块根中的含量特别丰富。烹调用的淀粉，主要有如下几类。

1）薯类淀粉：如红薯淀粉、土豆淀粉、木薯淀粉、甘薯淀粉等。

2）豆类淀粉：如绿豆淀粉、豌豆淀粉等。

3）谷类淀粉：如小麦淀粉、玉米淀粉等。

4）其他淀粉：如葛根淀粉、菱角淀粉、藕淀粉等。

淀粉在食品加工中的作用多是通过糊化来实现的，虽然不同品种的淀粉作用几乎相同，但它们在色泽、口感、黏性、吸水性方面却有着很大差别。

1. 玉米淀粉

1）特性：吸湿性强，适合挂糊上浆。

2）应用：玉米淀粉是烹饪中使用最广泛的淀粉。玉米淀粉经过油炸后口感比较酥脆，所以油炸的、需要有酥皮的菜肴通常要加入玉米淀粉来挂糊。在滑炒、滑熘、醋熘、汆、爆等烹饪方式中，鸡、鸭、鹅的细嫩部位，猪肉、牛肉、羊肉，以及鱼、虾、蟹等海鲜、河鲜都适合用玉米淀粉来上浆，烹调出来的食物十分爽滑可口。一般来说，菜肴勾芡也会选择玉米淀粉。

2. 木薯淀粉

1）特性：弹性好，适合制作布丁、甜点。

2）应用：木薯淀粉是木薯经过淀粉提取后脱水干燥而成的粉末。木薯淀粉色白，在加水遇热煮熟后，呈透明状，也没有任何的味道，且口感带有弹性，一般多用于制作甜品，比如蛋糕布丁、芋圆等，西米露中的西米也是用它加工制成的。东北人喜欢吃的拉皮，也是用木薯淀粉制作而成的。

3. 豌豆淀粉

1）特性：质感脆，适合做酥肉或烩菜，也可制成凉粉。

2）应用：豌豆淀粉属于比较好的淀粉。炸酥肉的时候用豌豆淀粉拍粉或调浆比较好，做

好的成品软硬适中，口感很脆，但也不像玉米淀粉那么脆硬。而且用豌豆淀粉做酥肉汤或烩菜，食材酥皮不易脱落。不过，豌豆淀粉最佳的用途应该是制作凉粉或凉皮。

4. 红薯淀粉

1）特性：吸水能力强，适合给肉类上浆，也可做点心、粉丝、粉皮。

2）应用：红薯淀粉与其他淀粉相比，色泽较黑，颗粒也较为粗糙，糊化后口感比较黏，因此不用于勾芡。红薯淀粉的用途可归纳为以下 4 类：一是用来加工红薯粉条（比如制作酸辣粉）或红薯粉皮、粉块；二是可以给肉类原料比如猪肉片、鱼肉片等上浆。用它上浆后的原料颜色虽然不及其他淀粉那么洁白，但是经过焯水处理后口感格外滑嫩，而且有不错的透明度；三是可以用来制作敲虾或敲肉片（比如著名的福建小吃"肉燕"，一定要采用红薯淀粉制作）；四是可以作为干粉使用，比如将猪肉片腌制后，裹上红薯淀粉油炸，油炸后的酥肉有些发黑，表皮也不够酥脆，但拿来做砂锅，久煮不烂，表皮筋韧，有嚼劲。

5. 绿豆淀粉

1）特性：吸水性小，适合做粉丝、粉皮。

2）应用：绿豆淀粉是由绿豆用水浸涨磨碎后，沉淀而成的。特点是黏性足，吸水性小，色洁白而有光泽。绿豆淀粉含有的直链淀粉较多，支链淀粉较少，而且价格比较贵，所以厨房里比较少用。但是绿豆淀粉做出来的龙口粉丝几乎是最好的粉丝（有的也会加一些豌豆淀粉），粉丝很细还不容易断，口感筋道，别的淀粉很难做到。

6. 土豆淀粉

1）特性：黏性足，适合腌肉、勾芡。

2）应用：土豆淀粉也是厨房中应用最多的淀粉。它是将土豆磨碎后揉洗、沉淀制成的。特点是黏性足，质地细腻，色洁白，光泽优于绿豆淀粉，但吸水性差。由于糊化温度低，可以降低高温引起的营养与风味损失，用于勾芡能最大限度地保证食材原汁原味。

7. 小麦淀粉

1）特性：色白、透明度好，适合做虾饺。

2）应用：小麦淀粉是面团洗出面筋后，沉淀而成或用面粉制成的。色白但光泽较差，质量不如土豆淀粉，勾芡后容易沉淀。小麦淀粉又叫澄粉，会用来做一些广式点心如水晶虾饺之类的，透明度好，做出来很好看。

8. 菱角淀粉

1）特性：质细腻，有光泽，适合做甜品。

2）应用：它是从菱角中提取出来的淀粉，颜色洁白，富有光泽，质呈粉末状，细腻光滑，黏性大，但吸水性较差。糊化温度高于玉米淀粉与土豆淀粉，所以厨房极少使用。

9. 藕淀粉

1）特性：透明度高，适合制作甜品。

2）应用：藕淀粉是一种不带麸质的粉末。它是用干燥的莲藕磨成的，在中餐及日本料理中作为稠化剂使用。

3.1.4 拍粉的种类及技术要求

所谓拍粉，就是在原料表面粘附上一层干质粉粒，起保护和增香作用的一种方法。保护的基本原理与上浆、挂糊一样，但拍粉的原料相当丰富，干淀粉、面包粉、芝麻、花生末、松仁末，以及各种味型的香炸粉都可以作拍粉原料，所以在香味上比上浆和挂糊更丰富。拍粉后的原料外表干燥，比较容易成型，比挂糊的菜品更整齐、均匀。在选择拍粉的粉料时要注意口味，只能是咸味或无味的，如果带有甜味，油炸时会很快变焦、变黑。粉料本身应是干燥的粉粒状，潮湿的粉料不容易酥香，也不容易包裹均匀，颗粒过大则不易粘牢，加热后易脱落，整个的面包、饼干、花生等必须加工成粉粒状以后，才能作为拍粉的原料。拍粉根据具体操作的要求分为以下两种类型。

1. 辅助性拍粉

这种方法在行业中称为先拍粉后挂糊，就是在原料表面先拍上一层干淀粉，然后再挂糊油炸或油煎。主要用于一些水分含量较多、外表比较光滑的原料，为了防止脱糊，先用干粉起一个中介作用，使糊与原料黏合得更紧。还有一些原料直接拍上一层干淀粉，原料不需上浆或挂糊，拍粉后直接炸制或油煎，但不是成菜的最后工序，也是一种辅助性的加工方法，主要是起定型和防止黏结的作用。如炸素脆鳝、菊花鱼等，主要是便于松散和起壳定型。辅助性拍粉要求现拍现炸，否则原料内部水分渗出，使粉料潮湿，下锅后不松散。

2. 风味性拍粉

这是拍粉工艺主要的内容，拍粉后经炸制或油煎直接成菜，形成拍粉菜品独特的松、香风味。其方法是先在原料外表上浆或挂上一层薄糊，然后黏附各种粉料，这样既有保护作用也增加了原料的黏附性，使粉料油炸以后不易脱落，能整齐、均匀地黏附在原料表面。但原料的形状应为大片形或筒形，如面包猪排、芝麻鱼卷等。风味性拍粉对油温有一定的要求，油温过低，粉料易脱落；油温过高，外焦内不熟。一般初炸油温控制在160℃左右，复炸温度在190℃左右，温度低会含油。

1）常用的香粉类粉料有面包粉、面包丁、饼干末、椰蓉等。拍粉时由于原料外表的黏性不足，需要拖一层蛋液增强黏性，保证粉料均匀地黏附在原料的表面。有时在拖蛋液前还要先拍一层干淀粉，目的是让原料在油炸时更平整。

2）常用的干果类粉料有芝麻、松子仁、核桃仁、杏仁、花生仁、瓜子仁等。

3）丝形的特殊粉料常用的有腐皮丝、细面条丝、糯米纸丝、土豆丝、芋头丝等。

技能训练 1　鱼片（用于滑熘鱼片，以草鱼片为例）上浆、拍粉处理

1）主料：草鱼 350 克。

2）调辅料：鸡蛋清 15 克，绍酒 20 克，盐 4 克，味精 5 克，湿淀粉 20 克，色拉油 25 克。

3）工艺流程：草鱼洗净→去骨→批片→漂水→上浆。

4）操作步骤

① 将草鱼去鳞、内脏、鱼鳃，清洗干净，沥水待用。

② 将草鱼去骨、皮，取净肉，再批成 5 厘米长、3 厘米宽、0.2 厘米厚的片。

③ 将鱼片入大碗中漂洗干净冲水，沥水待用。

④ 把沥过水的鱼片装入碗中，加入绍酒、盐、味精，调匀入味，搅拌上劲，再放入鸡蛋清、湿淀粉拌匀，封油入冰箱冷藏，完成鱼片的上浆。

5）操作要领

① 鱼片大小、厚薄要均匀。

② 片完鱼片后一定要用水漂洗干净。

③ 上浆时一定要搅拌上劲后再放湿淀粉。

技能训练 2　鱼片（用于清炸鱼片，以草鱼片为例）拍粉处理

1）主料：草鱼 400 克。

2）调辅料：葱 10 克，姜 10 克，料酒 8 克，盐 5 克，胡椒粉 3 克，鸡精 4 克，淀粉适量。

3）工艺流程：草鱼洗净→去骨→批片→漂水→调味腌制→拍干粉。

4）操作步骤

① 将草鱼去鳞、内脏、鱼鳃，清洗干净，沥水待用。

② 将草鱼去骨、皮，取净肉，再批成 5 厘米长、3 厘米宽、0.5 厘米厚的片。

③ 将鱼片入大碗中漂洗干净冲水，沥水待用。

④ 鱼片入碗内，加葱、姜、料酒、盐、胡椒粉、鸡精静态腌制 1 小时。

⑤ 腌好的鱼片两边均匀拍上干淀粉，摆入托盘，入锅炸制前将多余的粉抖干净即可。

5）操作要领

① 鱼片大小厚薄要掌握好。

② 腌制入味的时间要有保证。

技能训练 3　鸡肉（用于香炸鸡排）拍粉处理

1）主料：鸡脯肉 350 克。

2）调辅料：鸡蛋 2 个，淀粉 25 克，面包屑 500 克（实耗 75 克），盐、黄酒、姜、葱、味精、胡椒粉、色拉油各适量。

3）工艺流程：鸡脯肉批成大片→加调味料腌渍入味→拍淀粉→拖鸡蛋液→拍上面包屑。

4）操作步骤

① 将鸡脯肉洗净，批成 0.3 厘米厚的片，用刀两面排斩待用。

② 鸡片入碗加入盐、黄酒、姜、葱、味精、胡椒粉拌和均匀腌制入味。

③ 将鸡片两面拍上淀粉，裹上鸡蛋液，拍上面包屑，待用。

5）操作要领

① 鸡脯肉改刀后表面要排斩，以便更加入味。

② 鸡脯肉拍粉、拖蛋液、拍面包屑要均匀。

3.2 调味处理

菜品风味的形成是一个十分复杂的过程。在菜肴制作的全过程中，适时、适量地添加调味料，以引起人们的味觉、嗅觉、触觉等器官（以味觉为中心）的各种美感，这一操作技术称为调味工艺。首先，构成菜品的主料、辅料、调料之间形成了一个复杂的多组分体系，而且各组分的比例和浓度都不均匀。其次，调味的过程并不是调味料简单相加的静态过程，而是相互混合、相互协调的动态过程。烹和调往往是密不可分的，大多数菜品的调味过程都是在加热的过程中完成的，有的甚至必须通过加热，才能实现或达到调味的目的。加热必然使菜品体系中的各组分发生变化，既有分解、合成等化学性变化，也有挥发、渗透等物理性变化，从而形成菜品的口味与香味。

3.2.1　调味的目的与作用

1. 确定和丰富菜肴的口味

菜肴的口味主要是通过调味工艺实现的，虽然其他工艺流程对口味有一定的影响，但调味工艺起着决定性作用。各种调味原料在运用调味工艺进行合理组合和搭配之后，可以形成多种多样的风味特色。我们的味觉虽然只能感受到五种基本味，但利用它们对五种味觉的次序和敏感度差异，将多种调味料按不同比例进行组合，就可以变化出丰富多彩的味型来。另外，利用调味还可以改善原料的不良口味，例如，含有苦味的蔬菜原料在用盐腌制后，可使苦味浸出，减弱原料的苦味成分。

调味料组合的主要目的，除突出本味或去腥解腻外，也可以突出调味料自身的风味特色。以上都是调料围绕原料的风味特征选择和使用，在适当的时候，原料也可围绕调料进行选择和使用，以突出表现某种调味料组合的特色，例如香糟味、香味、怪味等，都是从纯口味的角度组合而成的，在组配时根据这一味型特色选择相适应的原料，这样可以打破组合的局限性，充分发挥调料的风味特长，丰富和调节整体菜肴的风味。

2. 去除异味

在烹调时，加入较重的香辣调料，可以使调料的气味浓郁而突出，将部分腥臊异味掩盖。例如，添加八角、桂皮、丁香、葱、姜、蒜、辣椒、胡椒等，可以缓冲和减轻肉类的各种异味，这些方法主要适用于异味较轻或经过除味加工的原料。另外，可在预煮或烹调过程中加入各种香辛调味料，利用挥发作用除去原料中的异味。例如，料酒中含有乙醇、酯类等成分，乙醇可以促进异味的挥发，同时还能与有异味的酸在加热时形成有香气的酯类；酯和酒中的氨基酸都能增加肉的香味；醋中的酸可以与肉类中一些异味成分结合，使它们形成不易挥发的成分，从而抑制肉类原料散发出腥膻气味；葱、姜、蒜等香辛调料对鱼肉的腥味有很好的去除效果；另外，鱼腥味的成分呈碱性，加醋、料酒后可以使碱性中和，减弱腥味。

3. 食疗保健

传统中医学有"医食同源"之说，其中调味与养生的关系更被重视。《黄帝内经》中已有较深刻的认识："五味之美，不可胜极。""五味入口，藏于肠胃，味有所藏，以养五气，气和而生，津液相成，神乃自生。"古人还把"五味"和"五脏"直接联系起来，东晋葛洪在《抱朴子》中指出："五味入口，不欲偏多，故酸多伤脾，苦多伤肺，辛多伤肝，咸多伤心，甘多伤肾。"另外，还有许多有关调味养生的理论论述，诸如五味所合、五味所伤、五味所禁，以及与身体的辩证关系等。

从现代营养学的角度来说，调味原料不仅具有调味作用，对人体的生理功能也有作用。例如，盐为人体必需的物质，如果过少，则影响人的正常生长发育，而过多也有不利影响。糖属碳水化合物，它可提供生命活动所需的热能，是人类获得热量最主要、最经济的来源。醋除了含有多种营养成分外，还能溶解植物纤维和动物骨刺，烹调时添加适当的醋，可以加速原料煮烂，并能减少维生素的损失，同时还使食物中的钙、磷、铁处于溶解状态，从而促进钙、磷、铁在人体内的吸收。纯香型调料中绝大部分列于中药中，都具有各种食疗保健作用。但各种调料都有一定的使用范围，超过了这个范围，对人体也会产生不利的影响。

从原料营养成分的损失情况来看，菜品的风味形成往往与保持营养处于矛盾之中。食品在烹调过程中生成风味成分，这些反应不但使食品的营养成分受到损失，尤其使那些人体必需而自身不能或不易合成的氨基酸、脂肪酸和维生素得不到充分利用。从烹调工艺的角度看，各种原料，包括酒、酱、醋等调料在加工过程中，其营养成分和维生素虽然受到了较大破坏，但同时也形成了良好的风味特征。如何在营养损失不多的同时又产生受喜爱的风味，是人们所期待的，更是营养和烹饪工作者需要共同研究的课题。

4. 丰富菜品的色彩

菜肴的色彩是构成菜品特色的主要方面，它可起到先声夺人的作用。美好色彩给人以赏心悦目之感，能引起美的感受，还能引起生理上的条件反射，促进人体内消化液的分泌，增进食欲，提高对菜肴的消化吸收率。菜肴呈现的各种色泽，主要来源于原料中固有的天然色素，其次就是调料和天然色素形成的色泽。其中调料着色来自两个方面：一是调味品本身的色泽与原料相吸附而形成的，二是调味品与原料相结合后发生色变反应所形成的。调料的色彩非常丰富，而且染色能力强，如糖类原料在加热过程中还会形成诱人的焦糖色。这些在调色工艺中已经讲到，不再重复介绍。

5. 调节菜品的质感

调味工艺对质感的影响没有火候那么直接，但可以改善和调节菜品质感风味。例如，在烹调时添加酸味调味品，可以加速肉类原料的酥烂，并能减少维生素的损失；鱼蓉胶在调制时，如果先加盐，会导致鱼肉细胞内离子数目浓度低于细胞外，鱼蓉不仅吃水量不足，甚至会造成细胞内水分子向细胞外渗透，出现脱水现象，这样的鱼丸就达不到理想的质感，所以，应先加一定量的水再加盐搅拌上劲，才能达到细嫩而富有弹性的效果。

质感的变化还跟调味时间有关系。例如鱼的腌制，鱼肉的质地与用盐时间及腌制时间成正比，腌制时间短，可以保持鱼肉的嫩度，时间稍长，肉质就会变老，最终质感由嫩转变成酥、韧的咸鱼质感。苏式蒸白鱼和粤式蒸鱼的比较就是一个例子，传统苏式蒸白鱼在制作时很注重入味，加热前要腌制并投放所需的所有调味料，而蒸制时间如果掌握不准，成品的质感容易粗老；粤式蒸鱼则非常注重质感，加热前不投放咸味调料，蒸制时间掌握得非常准确，肉质的鲜嫩程度超过苏式蒸鱼。

3.2.2 调味的程序、方法和时机

1. 调味的程序

（1）烹前调味 这是指烹调之前的调味，也是第一阶段的调味，行业中称为基本调味。其主要方法就是前面提到的腌渍调味，以及制作蓉胶、上浆过程中的调味。关于腌渍调味的方法前面已有介绍，现将制作蓉胶和上浆过程中的调味方法简介如下。

1）蓉胶的调味，所谓蓉胶，就是将斩成细蓉状的动物肌肉，和调味料及其他辅助原料（水、蛋清、淀粉）调制而成的相对稳定的胶体。其中调料在蓉胶的调制过程中起着非常重要的作用。盐在蓉胶调制中起双重作用：先是调味作用，其次盐可溶解肌动球蛋白，增加持水能力和肉蓉黏性，使菜品达到更好的嫩度和弹性。

2）上浆的调味，上浆的目的就是保证菜肴的嫩度和形状，除蛋清、淀粉起一定的保护作用外，盐也有保护作用，因为上浆的首道工序就是腌拌，利用盐的电解作用，使肌动球蛋白的溶解度增大，原料表面蛋白质的静电荷增加，提高水化作用，引起分子体积增大，黏液增多，达到吸水嫩化的目的，同时赋予原料基本味型。

（2）**烹中调味**　烹中调味法就是在烹调过程中对菜肴进行调味，根据菜肴的口味要求，在适当的时候加入相应的调味品，加热过程因温度较高，调味品扩散速度快，也容易达到吸附平衡，所以这一阶段的调味对菜肴的滋味起着决定性的作用。除炸、煎烤、蒸及部分凉拌菜肴外，其他大部分菜肴都要运用烹中调味法。根据烹调方法及成菜的特色来看，烹中调味可分为无卤汁和有卤汁两种。一般爆、炒的烹调方法属于无卤汁的范围，调味品在原料成熟后加入，快速颠翻几下即可出锅。这种方法一方面利用了高温扩散快的特点，使原料迅速入味；另一方面因为原料与调味品接触时间短，原料中水分向外渗透的量少，保持了菜肴的软嫩，蛋白质以溶胶或凝胶的状态存在，营养成分破坏和流失极少。采用煨、烧、煮、炖的烹调方法制成的菜肴，具有一定的汤汁，添加调味品时应根据需要掌握好投放的次序。例如红烧鱼，一般先加入猪油、盐，快成熟前加入糖，这样便于入味，也能保持调味时机与鱼肉成熟时间相一致。而清炖鸡、焖牛肉等，一般应在原料完全成熟后，上大火入盐调味，如果过早加盐，汤汁的渗透压变大，原料中的水分向外渗透，组织变紧，蛋白质凝固，呈味物质难溶于汤，会使菜肴的质感变劣，所以不宜过早加盐。

（3）**烹后调味**　烹后调味法就是在原料加热成熟后，对原料进行调味的方式。根据调味目的又可分为补充调味和确定调味两种。补充调味主要适用于加热过程中不宜调味的一些原料，但在加热前都已经有了一个基本口味，这时主要是弥补加热前调味的不足；确定调味主要适用于炝、拌类的一些凉菜和白灼、涮等特殊热菜的调味，这些菜品的原料，在加热前没有经过腌渍调味或上浆调味，在加热进程中也没有进行调味，而是在加热后趁热给原料确定口味，所以不同于补充调味，而是决定菜肴口味的一种方法，如炝腰片、温拌肚丝、白灼河虾等。

2. 调味的方法

常见的调味方法具体有如下几类。

（1）**以调味目的为主的调味方法**

1）消除异味法，烹饪原料中有一些干制原料、水产原料、动物内脏等含有一定的腥膻异味，需运用各种调味品使这些异味得以去除，同时产生良好的风味。葱、姜、蒜、醋、料酒等是消除异味常用的调味料，例如醋有较强的除腥解腻的能力，同时有杀菌防腐作用；黄酒在受热后挥发性增强，如烹鱼时加入黄酒后会发生化学反应，不但异味消除，还会产生鲜美的香味。

2）增香调味法，此法是通过调味使菜品形成各种独特的香味，以改善和补充原料香气的不足。香辛调味料是增香调味常用的调味原料，如葱、姜、蒜等，经加热后可以释放出特有的香味，行业中的炝锅就是典型的增香调味法。另外，桂皮、八角、丁香、桂花等都具有独特的香气成分，既可以单独调香，也可以混合使用，使菜肴形成浓郁的香型。

3）定味调味法，此法是将几种调味料按一定比例进行混合调配形成菜品的口味，其中调味料用量的比例是确定口味的重要因素。例如咸味占比较大，其他味占比较小时，菜品的口味呈咸鲜味；如果咸味的比重较小，而糖、醋占的比重较大时，菜品的口味则属于酸甜味型。根据定味次序，定味调味有以下手法。

① 分次加入调味料定味，将调味料按菜品的要求，分别投入到菜品中进行调味，如红烧菜一般先加入盐、酱油，成熟前加入糖，最后加入味精。油炸菜肴则在加热前调定基本味，在加热后补充特色味，卤菜、烩菜的调味手法也采用分次调味的方法。

② 最后投放调味料定味，在原料经过制熟处理以后，投放调味料定味，例如制作鱼汤，一般在鱼汤出锅前才投入盐、味精等调味料，因为过早投入盐，会使汤汁不浓，味道不鲜。此法一般适用于煮、炖、焖、煨等汤汁类菜品的调味。

③ 混合料一次定味，行业中称兑汁芡，此法适用于爆炒类菜肴，就是将所有调料与淀粉一起调和均匀，在原料滑油后，倒入锅中与原料一起翻拌，使芡汁包裹在原料表面。调此兑汁芡有一定的技术难度，因为速度太快，而且对芡汁包裹程度要求很高，所以在投放各种调味品，特别是淀粉的用量时，要一次性把握准确。

4）增色调味法，运用调味品的色泽或在受热后色泽的变化特征，来改善菜品的色彩。在调味的同时，也调和菜肴的色泽，例如红烧菜为了达到色泽要求，在烧制前先在外表拌上酱油，然后下油锅中炸，使原料上色，这个过程在行业中称为走红。再如烤鸭，烤制前要抹上饴糖和白醋，烤制后鸭皮才能有红亮的光泽。

（2）以调味品与原料的结合形式为主的调味方法

1）腌浸调味法，此法主要是利用渗透原理，使调味料与原料相结合，根据使用的调味料品种不同可分为盐腌法、醋渍法和糖渍法，如醋渍萝卜、酸白菜等属醋渍法。根据腌制过程和干湿程度，又可分为干腌法和湿腌法。

① 干腌法就是将调料直接擦在原料表层进行调味，对于形体大的原料，还要用竹扦插一些孔，便于调味料的浸入。

② 湿腌法就是将原料置于调配好的溶液中，进行腌浸调味，此法比干腌法腌得均匀，但由于水分较多，如果保管不慎，容易出现变质现象。

2）热传质调味法，此法是通过加热使调味料进入原料内部，从而达到调味目的，加热可

中式烹调师（初级）

以加快原料入味的速度。例如烧菜或烩菜，其中水分既是传热介质，也是传味介质。

3.2.3　腌制的方法与技术要求

腌制是多种生食原料所采用的方法。从使用的溶质来看，腌制包括盐渍、糖渍、醋渍和碱渍4种。在加工过程中这几种方法所运用的操作原理亦各不相同。

1. 盐渍

盐有很高的渗透作用，所以高浓度的盐形成的强大渗透压可以有效抑制细菌的存活或导致细菌失活。常见的盐渍产品有咸鱼、咸肉等。

2. 糖渍

糖渍是利用糖的渗透作用使原料入味的加工方法，主要应用于水果类原料，它的基本原理与盐渍相同。常见的糖渍产品有果脯、蜜饯等。

3. 醋渍

醋渍则是利用pH来抑制细菌的生长，当pH为4.5以下时，腐败菌、大肠杆菌不能生长，可以利用此原理对食品原料进行加工，减少因细菌繁殖对人体产生的危害。常见的酸渍产品有糖醋蒜头、四川泡菜等。

4. 碱渍

碱渍是利用碱可使原料中所含的蛋白质发生变性的化学原理。当蛋白质发生变性后，可形成冻胶状凝固体，此法既可以杀菌，又可以使原料形成特殊的风味，如皮蛋的加工制作。在食用时一般加醋去除碱味。

3.2.4　味型的概念及种类

味型从生理学角度严格划分，只有咸、酸、甜、苦4种基本味，因为这4种味，味蕾能感觉到。辣味是刺激口腔黏膜而引起的痛觉，也伴有鼻腔黏膜的痛觉，涩味实际是舌黏膜的收敛感。但从菜肴烹调的角度来看，辣味、鲜味可以看作两种独立的味，特别是鲜味，在烹调中是非常重要的一种风味成分。传统的中国烹饪一直重视菜品的鲜味，本味论实际就是各种原料的独特鲜味，所以我国把鲜味列为烹调中的一个独立味型是完全必要的，同时也把鲜味物质看作是风味强化剂或风味增效剂。

1. 咸味

咸味的调味料有盐、酱油、黄酱等，其中以盐为代表。盐的咸味成分是氯化钠，氯化钠的咸味是钠和氯两种离子产生的，只有一种离子就不出咸味，盐的阈值一般为 0.2%，入口最感舒服的盐水溶液浓度是 0.8%~1.2%。在实际烹调中，一般不可能只有单纯的咸味，往往需要与其他口味一起调和，所以在调和盐浓度时，还要考虑到咸味同其他味的关系。

咸味因添加咖啡因（苦味）而减弱，苦味也因添加食盐而减弱，两者添加的比例不同，味感变化也有差异。在 0.03% 咖啡因溶液里添加 0.8% 食盐，苦味感觉稍强，添加 1% 的食盐则咸味变强。

2. 酸味

酸味在烹饪中的使用非常多，以醋使用得最普遍，但醋一般不能单独对菜品进行调味，必须与其他调味品配合使用，如酸辣、酸甜等，搭配其他调味品时也要考虑热对味觉的影响。在酸中加少量的苦味物质或单宁等有收敛味的物质，则酸味增加。

3. 甜味

呈甜味的化合物种类很多，范围很广，除糖类以外，氨基酸、含氧酸的一部分也具有甜味，但在烹调中很少作为甜味剂使用。在食品工业中常用而重要的糖是葡萄糖，在烹调中则以蔗糖为代表。蔗糖的最强甜味温度是 60℃ 左右，在这个温度下，它比果糖要甜，但在品尝时它却没有果糖甜。蔗糖在烹调中与其他味也相互影响，蔗糖和酸味有抵消现象，与苦味和咸味也有相互影响。

（1）甜味和苦味　甜味因苦味的添加而减少，苦味也因蔗糖的添加而减少，但苦味达到一定浓度时，需要添加数十倍的甜味浓度才能使苦味有所改变，例如在 0.03% 的咖啡因溶液中必须添加 20% 以上的蔗糖才能使其苦味减弱。

（2）甜味和咸味　添加少量的食盐可使甜味增加，咸味则因蔗糖的添加而减少。

4. 苦味

单纯的苦味虽不算是好味道，但它与其他味配合使用，在用量恰当的情况下，也能收到较好的味觉效果。苦味物质的阈值极低，极少量的苦味舌头都感觉得到，舌尖的苦味阈值是 0.0003%，舌根只有 0.0005%，苦味的感觉温度也较低，受热后苦味有所减弱。少量的苦味与甜味或酸味配合，可使风味更加协调、突出。在甜味物质中有一种糖精的合成甜味剂，但加入糖精后味偏苦，当加入少量谷氨酸钠后可使苦味得以改善，添加量为糖精的 1%~5%。

5. 鲜味

在烹调中除各种原料制成的鲜汤可以作鲜味调味外，使用较多的就是谷氨酸钠。在烹调过程中谷氨酸钠可以与其他味道形成良好的味觉效果，虽然人们对鲜味是否属于独立的味型存有争议，但对鲜味在烹调中的协调和改善作用是公认的。鲜味与咸味配合是我国菜肴中最基本的味型，可使咸味柔和，并与咸味协调，有改善菜品味道的作用。另外，可使酸味和苦味有所减弱。当谷氨酸钠与肌苷酸钠、鸟苷酸钠等鲜味物质配合使用时，在味觉上产生相乘作用，使鲜味明显增强。但鲜味与甜味在一起会产生复杂的味感，甚至让人有不舒服的感觉，所以在用糖量较大的菜肴中，一般不宜添加味精，如甜羹、拔丝、挂霜、糖醋类菜肴。

3.2.5 咸鲜味、咸甜味、咸香味等味型的调制方法及技术要求

1. 咸鲜味

咸鲜味是我国烹饪中最常见、最基本的味型之一，适用区域和选料都十分广泛，不受季节、地区、年龄的限制。许多高档菜肴都是运用咸鲜味调配的。

（1）咸鲜味的调配原则

1）严格选料。咸鲜味实际上是突出本味的一种调味方法，它不具有任何掩盖性、调节性，如果原料不够新鲜或带有异味，就很难用咸鲜味直接进行调味。

2）对原料进行严格加工。对于新鲜但带有轻微异味的原料，在调味之前必须通过焯水、走油、浸泡、洗涤等加工方法去除异味。对于本身既无异味又无鲜香味的原料，如海参、鲍鱼等高档原料，在定味前必须先使其吸收充足的鲜香味道，然后才能使用咸鲜味进行调味。

（2）咸鲜味的调配要点

1）在没有咸味存在的情况下，鲜味会显得很薄。若加入纯净的谷氨酸钠不但毫无鲜味，反而会产生腥味，因此盐对谷氨酸钠的鲜味有很大影响。

2）在调配时要合理掌握盐与味精的比例，一般谷氨酸钠的添加量与盐的添加量成反比，只有这样才能达到鲜味和咸味之间的最佳统一。例如，在盐添加量为 0.8% 时，味精的最适添加量为 0.38%；当味精的添加量增加到 0.48% 时，盐的最适添加量则相应地减少到 0.4%。

3）咸鲜味的调配要根据具体菜品灵活掌握。例如，炖焖的汤类菜品，汤中已含有肌苷酸等鲜味呈味物质，一般就尽量不用或少用鲜味调味品。

4）特殊的肉类风味物质，少量的鲜味调味品可以使鲜味增强，稍多又会影响综合的风味效果。盐应该最后定味，否则会影响肉中鲜香物质的溢出。

5）腌制品盐含量已达 15%~20%，远远超出一般菜品的使用量，烹制时应少添或不添盐，根据需要还可添加少量的糖来降低咸味，使咸鲜味达到完美的结合。

2. 酸甜味

酸甜味是复合味型中非常典型的味型之一，是各大菜系中比较常见的味型。较常见的酸甜味味型有糖醋味、荔枝味、茄汁味、橙汁味、山楂味等。酸甜味的应用也非常广泛，既可作炒菜、脆熘菜，又可作凉菜的卤汁味型，还可作煎炸菜、烧烤菜的佐味调料。

（1）甜、酸、咸 3 味的味觉变化

1）当甜味和酸味相互融合后，其味觉有相减现象。在调味时，甜味中添加酸味，会减弱甜味的程度；酸味中添加甜味，同样也会使酸味减弱。因此，在调制酸甜味时，如果出现偏甜或偏酸的现象，可以通过添加醋或糖的方法加以调节。

2）盐在甜味中起底味作用，目的是保证菜品有基本的口味。调味时要严格控制好盐的用量，因为咸味的轻重会引起甜味和酸味的变化。一般来说，在酸味中加盐，会使酸味减弱，咸味增强；在甜味中加盐，则会使甜味增强，咸味减弱。注意：该情况在酸、甜、咸适当比例中才会比较明显，一般情况下，甜酸味中咸味的占比较小。

咸味因添加少量的醋酸而加强，在 1%~2% 的盐溶液中添加 0.01% 的醋酸，或在 10%~20% 的盐溶液中添加 0.1% 的醋酸，咸味都有所增加。但醋酸添加量必须控制好，否则咸味反而减弱。如果在 1%~2% 的盐溶液和 10%~12% 的盐溶液中分别添加 0.05% 和 0.3% 以上的醋酸，则咸味减少。对酸味来说也一样，添加少量盐时酸味增强，添加多量盐时则酸味变弱。

（2）味精及葱、姜、蒜在酸甜味中的作用　酸甜味中是否需要添加味精，说法不一。有专家通过实验表明：在含有 1% 以上食醋时使用味精，完全是一种浪费。因为在酸味达到一定浓度后，谷氨酸钠的溶解度会大大降低，且沉淀为与色味无关的物质。

实际上，一般的酸甜味其酸味的浓度都超过了这个标准。因此，在调制酸甜味时无须添加味精。葱、姜、蒜在酸甜味中主要起到去腥、增香，同时柔和诸味的作用。

3. 咸香味

咸香味型是以呈咸味的盐为主要调料，掺入各种香辛料混合而成的复合调料，称为调味盐，如花椒盐、胡椒盐、孜然盐等。

在烹饪中，调味盐主要用于煎炸一类菜品的补充调味。其作用是弥补和丰富煎炸的口味，同时改善和丰富煎炸的香味特色。

（1）花椒盐　由花椒、盐、味精调制而成，多用于炸、煎菜。特点是香、麻、咸。调制方法：先将花椒去梗，再把盐入锅中炒至微黄，稍微冷却后加入花椒继续炒至香味出来，和味精一起放入粉碎机粉碎即成，注意盐与花椒一般为 4：1，根据具体情况可调整。

（2）胡椒盐　由胡椒、盐、味精调制而成，其用途与花椒盐相同，调制时注意盐与胡椒一般为 5：1，可调整。

（3）孜然盐　由孜然粉、盐、味精等调料调制而成，调制时注意盐和孜然粉一般为 6：1，可调整。

4. 咸甜味

咸甜味在我国南方地区使用十分普遍，特别是运用酱油作为咸味剂的菜品，经常以咸甜味的形式出现，如酱爆、红烧、卤酱、红扒等。咸甜味实际上是在咸鲜味的基础上加入一定的甜味剂而成，咸甜味的调配主要是掌握好咸味与甜味的用量比例，不同的用量比例所形成的风味效果差异很大。

（1）**咸味与甜味**　在咸味中添加蔗糖，可使咸味减少。在 1%~2% 浓度的盐溶液中，添加 7~10 倍蔗糖，咸味大致被抵消；但在 20% 的浓盐溶液中，即使添加多量蔗糖，咸味也不消失。在甜味溶液中添加少量盐，甜味会增加，但咸味的用量要掌握好。一般 10% 蔗糖溶液添加 0.15% 的盐，25% 蔗糖溶液添加 0.1% 的盐。50% 蔗糖溶液添加 0.05% 的盐时，甜味感最强。从上面的比例中看出，甜浓度越高，添加盐量反而越低。

（2）**咸甜味的调配要点**　咸甜味在实际调配过程中，一定要掌握好层次和主次，一般菜品并不是咸甜并重，而是以咸味为主，甜味为辅。

不同菜品所表现出来的味觉层次也有所不同，例如爆炒类菜品，由于调味品是同时投放的，品尝时先感觉咸味后感觉甜味，即"咸上口，甜收口"。

对于红烧、卤酱的菜品来说，由于先投入咸味，使咸味渗透到原料内部，使其入味，后加入甜味，使卤汁浓稠。品尝时一般先感觉甜味后感觉咸味，即"甜上口，咸收口"。

咸甜味虽然适用范围很广，但不同的地区对咸甜的调配比例有所差异。北方地区咸甜味中咸味的占比较大，甜味占比小；而南方地区咸甜味中甜味占比较大，甜感明显，例如江浙名菜东坡肉、樱桃肉等。

5. 甜香味

甜香味是以甜味为主、香味为辅的一种复合味型，通常称"甜菜""蜜汁"。甜香味是我国传统味型的代表之一，各大菜系中均有此味型的代表菜。

甜香味中的甜味剂一般是以蔗糖、冰糖和蜂蜜为主，既可以单独使用，也可以混合使用。如拔丝、挂霜一类的菜品以蔗糖调配而成；甜汤、甜羹一般是蔗糖和冰糖混合使用；蒸制的一些甜菜，一般是蔗糖、冰糖、蜂蜜混合使用。

甜味剂的混合使用可以得到甜味相加的效果，也有少数产生相乘效果，例如果糖和糖精的混合使用，但相乘的效果一般。普通甜味物质是没有抑制或相杀效果的。此外，甜味剂的混合作用除使风味能力增强以外，还可使甜味的口感更加协调、互补。所以，调制甜香味时最好选多种甜味剂混合使用。

香味在此味型中主要起调节和改善作用，对主体的甜味并没有任何影响。选用香味原料多为天然香味植物的花或果实，如桂花、芝麻等。桂花香味优雅，香中带甜，是一种深受大众喜爱的花卉香味调料，其品种有金桂、银桂、丹桂和四季桂等 4 类。金桂花色橙黄，香气最浓；银桂花色黄白，香气清淡；丹桂最美，花色橙红色，香味较淡。桂花用于甜味的调配时，可以直接采用鲜品或干品，也可使用盐渍或糖渍的腌制品。此外，菊花、玫瑰花也是甜香味中可以作为甜味剂的原料。

技能训练 4　鱼块（以草鱼块为例）腌制工艺

1）主料：草鱼 1 条（约 1000 克）。

2）调辅料：葱 20 克，姜 20 克，盐 40 克，料酒 20 克，味精 3 克。

3）工艺流程：鱼宰杀→洗净→斩切成块状→冲水→沥水→加入盐、味精、葱、姜、料酒腌制→备用。

4）操作步骤

① 将鱼刮鳞、去腮，宰杀洗净。

② 将鱼斩块洗净，冲水沥干水分待用。

③ 将鱼块放入盆内，按鱼块和盐 25∶1 的重量比加入盐和其他调料搓揉，取出晾晒至鱼肉所含水分减少 50%，用白酒对腌制器皿进行消菌后，再将鱼块整齐码放于器皿中密封存放。腊月里腌制的咸鱼，保质期为一年。用此方法腌制的咸鱼色泽红润，形态口味如同火腿，可煎、炸、蒸食。

5）按腌制方法，鱼块的腌制可分为干腌法和湿腌法。

① 干腌法：利用干盐（结晶盐）或混合盐，先在鱼块表面抹匀，随后层堆在腌制架上或层装在腌制容器内，各层鱼块间均匀地撒上盐，依次压实，在外加压或不加压条件下，依靠外渗汁液形成盐液进行鱼块的腌制。

② 湿腌法：即盐水腌制法，在容器内将鱼块浸没在预先配制好的盐溶液内，通过自由扩散和水分转移，让腌制液渗入鱼块内部。

另外，厨房生产中，也有用盐腌短时间入味的方法。

技能训练 5　咸鲜味的调制工艺

咸鲜味常以盐、味精调制而成，因不同菜肴的风味需要，也可用酱油、白糖、香油及姜、盐、胡椒调制。调制时，须注意咸味适度，突出鲜味，并尽量保持蔬菜、水产等烹饪原料本身具有的清鲜味。其中白糖只起增鲜作用，须控制用量，不能尝出甜味。香油仅起增香作用，须控制用量，不能使用过量。

1. 咸鲜味——白汁类

1）原料配比（调料占菜肴总量的比例）：盐 0.6%~1.2%，味精 0.5%，汤或主料 98%。

2）调配方法：以本味为主，用盐定味，一般菜品在烹制过程中添加，汤菜、炖菜类一般在成熟后加入。为了增加咸味，可适当添加味精、鸡粉、虾籽等，汤菜、炖菜则利用原汤的鲜味，不需要加入鲜味剂。

2. 咸鲜味——红汁类

1）原料配比（调料占菜肴总量的比例）：酱油10%，盐0.3%，味精0.5%，汤或主料89%。

2）调配方法：主料先进行油炸或焯水、滑油等预熟加工，再放入锅中并加入葱、姜、酒等香辛料，最后加入酱油、盐、味精、汤烧制入味。也可将酱油、盐、汤、淀粉调成咸鲜芡汁，用于爆炒类菜品的调味。

3. 咸鲜味——甜面酱汁

1）原料配比（调料占菜肴总量的比例）：甜面酱10%，糖2.5%，味精1%，汤5%，香油5%，葱、姜3%。

2）调配方法：炒锅上火，放油烧热，倒入甜面酱煸炒，加入汤、糖、味精，用小火略加熬制。待卤汁稍浓时离火，淋入香油搅拌均匀即可。

4. 咸鲜味——瓜姜味

1）原料配比（调料占菜肴总量的比例）：卤黄瓜10%，酱生姜10%，盐（酱油）0.1%，味精0.1%，香油0.2%，葱1%。

2）调配方法

① 先将卤黄瓜、酱生姜切成丝或片，放入水中泡20分钟，以除去部分咸味。

② 再将主料滑油至熟，盛出。

③ 锅中留少许底油，将葱花煸出香味，放入卤黄瓜、酱生姜、盐和味精，调好卤汁后倒入主料，淋上香油即成。

瓜姜也可用于红烧、煮汤等菜品中，但一般都是成熟前加入，否则香味流失，口感变软。

5. 咸鲜味——腐乳汁味

1）原料配比（调料占菜肴总量的比例）：腐乳2%，腐乳汁5%，糖5%，味精0.1%，料酒5%，葱、姜3%，香油1%，盐0.1%。

2）调配方法

① 炒锅上火，放油烧热，下葱、姜煸香，加水和腐乳汁烧开。同时将腐乳塌成泥，放入锅中搅拌均匀。

② 依次放入糖、味精、料酒、盐以及烧煮的主料，用小火熬至味道混合。

③ 出锅收汁前淋入香油。

这种方法主要用于烧煮类菜肴，用于爆炒菜品时只用腐乳汁与其他调味品调匀后即可，用于凉拌菜品时，则无须下锅加热，直接将上述调味料拌匀，浇拌原料即可。

3.3 预熟处理

3.3.1 加热设备的功能和特点

加热设备是利用加热源对烹饪原料进行加热的炊具，从形式上主要有炉和灶两大类。炉一般指封闭或半封闭的炊具，多以热辐射作为传热方式，能在原料周围形成加热；灶多是敞开式的炊具，加热源多来自于原料的下方。现代厨房的加热设备不论炉或灶，都要用热源来进行加热，故本节将以热源为分类依据，将加热设备分为明火加热设备、电能加热设备、蒸汽加热设备 3 种。

1. 明火加热设备

通常可将明火加热的燃料分为固态、液态、气态 3 种。其中固态燃料有柴、木炭、煤；液态燃料有柴油、汽油、煤油、酒精；气态燃料即燃气，目前我国使用的燃气种类主要包括人工煤气、天然气和液化石油气（罐装）。其中人工煤气生产成本高，对环境有一定污染，且具有危险性，在应用端的使用正在减少。天然气比较环保，全国范围内正逐步替换掉人工煤气。

2. 电能加热设备

目前以电加热的设备可分两大类：一类是通电后将电能直接转化为热能的装置，如电炸炉、电扒炉、电烤炉等；另一类是通电后将电能转化为电磁波，通过电磁波来加热的装置，如电磁灶、远红外线烤炉、微波炉等。

（1）电灶 电加热主要利用电热元件的发热来加热介质和金属板，将电能转化为热能。电灶中的电炸炉、电扒炉等都有通电开关、温控器、定时器，操作十分方便。

（2）电磁灶 电磁灶是一种新型炊具，主要利用通电后产生的高频交变磁场，形成电磁感应来加热金属锅具，其不断变化的磁场，使金属锅的磁场在瞬间产生改变，改变的结果使电子发生摩擦而生热。此种加热锅与灶的接触（垂直方向）面积越大，磁通量就越多，导热就越快。电磁灶加热一般有开关和强弱调节杆，非常安全和方便，由于不产生磁性的原料不能被加热，故手、纸等物放在上面并不能被加热。

（3）远红外线烤炉 远红外线属于非电离辐射电磁波，一般将波长为 0.78~1000 微米的电磁波称为红外线。由于红外线波长范围宽，又可将其分为近红外线、中红外线和远红外线。远红外线烤炉一般都做成密封的装置，便于波的反射，使食物能吸收更多的电磁波，加热十分方便，只要起动温控器、定时器及上、下火调节装置即可加热。

（4）微波炉 微波具有很强的穿透力。微波的加热是利用食物中的水分、蛋白质、脂肪、碳水化合物等电介质易在电磁场中产生极化现象，尤其适合加热水分多的原料。微波加热带来许多优点：对不吸收微波的玻璃、塑料等介质穿透性好，可使能量直达食物，如果选用适宜的频率，就可以将食物内外均匀加热；可以使食物内部的水分汽化，加快干燥或食物膨化。所以微波在对食物的内部解冻、再加热、炖汤等方面有着巨大的优势。

3. 蒸汽加热设备

此类蒸汽加热多是选择高压蒸汽，常用的厨房蒸汽设备有夹层锅、高压蒸汽柜等。它们的共同点是使用管道提供的蒸汽，热源是热蒸汽，而非现加热水形成蒸汽。夹层锅是将高压蒸汽通入金属夹层中，使锅内快速受热升温来加热食物，一般操作较为方便，只要打开气阀即可。需注意的是，由于是高压蒸汽，其压力不应超过锅上所配置的压力表的最高值，以防止产生危险。高压蒸汽柜是利用蒸汽喷嘴喷出高压气流，在瞬间加热食物。

3.3.2　加热的目的和作用

1. 清除或杀死食物中的细菌，促进食物被人体消化吸收

食物熟处理通常情况下可以杀灭食物中的细菌，通过加热使细菌中的蛋白质变性，使其失活致死。在操作实践中，既要保证细菌被杀死，不对人体构成危害，又要保证食物的嫩度，通常将温度区间扩大到60℃以上，而且多以原料血色的变化来判断，因为血液也是蛋白质，故以血色的变化判断食物最终的成熟度。肉食品熟度标准：半熟牛肉中心为玫瑰红色，向外带桃红色，渐变为暗灰色，外皮棕褐色，肉汁鲜红，中心温度为60℃；中熟牛肉中心为浅粉红色，外皮及边缘为棕褐色，肉汁为浅桃红色，中心温度为70℃；全熟牛肉中心为浅褐灰色，外皮色暗，中心温度为80℃。

食物经加热成熟，虽然多依照人们的口感或嗜好来决定老和嫩，但保证细菌不危害人体健康是前提。因此对于生料处理，应采取相应的非热方法来灭菌，如酒醉、盐腌、低温等方法使细菌中的蛋白质变性而失活。

人体中虽然存在多种消化酶，但像大米淀粉、大豆蛋白，如果不经烹饪加热，营养素很难被人体利用。在这种情况下烹饪加热对有效提高食物的营养利用率起着重要的辅助作用。事实上，加热不仅有利于分解食物，使人体易于吸收，如动物原料中胶原蛋白的水解，还可以转化有毒或有碍消化吸收的不利物质，如生大豆中所含的抗胰蛋白酶。可见，加热不仅可以有效地利用食物的营养特性，也是帮助消化营养素的重要方法。

我们知道，在营养物质中，蛋白质、脂肪、碳水化合物需要经消化来吸收，而矿物质、维生素则可以直接被人体吸收。加热后的三大营养素会有利于人体的消化吸收。例如蛋白质在水中加热会发生变性，甚至凝固，由于加热破坏了蛋白质的次级键，使蛋白质易被酶水解。

当然，经长时间加热的蛋白质也可产生一些低聚肽，容易被人体消化吸收。通过一些数据可知加热对食物的影响，如鸡蛋的生食消化率为30%~50%，去壳煮半熟消化率为82.5%，搅拌炒熟后消化率为97%，经低温蒸煮消化率为98.5%，带壳煮熟消化率为100%。

纯淀粉在加热过程中会发生糊化反应，对于淀粉含量高的果蔬原料来说，加热可使原料中淀粉分解为麦芽糖或葡萄糖的中间产物——糊精，如土豆、甘薯等原料在烘烤时出现的焦皮，熬粥时表层黏性的膜状物等，都是由淀粉分解产生的糊精，而且淀粉的分解物易被人体消化吸收。不过，在加热中，维生素的损失是不容忽视的，由于它们可以直接被人体消化吸收，因此通常能生吃的，只要卫生条件满足，就尽可能生吃，即使是加热也应快速加热。事实上，能生吃的多是蔬菜原料，其维生素含量高，易损失；而生荤原料，由于嗜好和饮食习惯的原因，只要卫生条件许可，尽可能选质嫩、蛋白质含量高、脂肪含量少的原料，如鱼、虾类，否则易引起消化不良。

2. 改善菜肴风味

原料经加热以后，其特征会发生各种变化，其中包括色泽变化、风味变化、质地变化、成分变化、形态变化等，这些变化直接与菜品的质量标准密切相关，如何使菜品质量达到色、香、味、形、质、营养俱佳的标准，必须了解原料在加热过程中的变化特征。

3. 改善原料的质地

（1）**果蔬原料质地的变化**　果蔬原料质地变化与火候的运用有直接关系。对于纤维含量较多的蔬菜而言，只能采用旺火速成的烹调方法，因为这类原料水分含量较多，加热时间一长，水分外溢，会使原料纤维变得粗老，如韭菜、芹菜等。对淀粉含量较多的蔬菜原料如土豆、藕、芋头等，既可以采用旺火短时间加热的方法进行烹制，也可以慢火长时间加热。短时间加热可使原料质地脆嫩，长时间加热可使原料质地变得软糯松黏，形成两种口感的原因与淀粉糊化的程度有关。

（2）**肉类原料质地的变化**　肉类原料的质地变化受温度和加热时间的影响最明显。短时间加热，肉中肌原纤维蛋白尚未变性，组织水分损失较少，肉质比较细嫩；加热过度，肌原纤维蛋白过度变性，肌纤维收缩脱水，易造成肉质老而粗韧。但随着加热时间的延长，肉中胶原蛋白水解，分布在肉中的脂肪开始溶解，组织纤维软化，肉又会变得酥烂松软。可见，温度的高低、受热时间长短是肉类原料质地变化的重要因素。根据上面的变化特征，在烹调实践中，应根据原料蛋白质、结缔组织的含量及含水量来确定受热的温度和时间。如结缔组织含量相对较少、水分含量相对较多的动物原料，可采用高温短时间的烹调方法，常见的有猪肝、猪腰等。结缔组织含量相对较多、水分相对较少的动物原料，可采用低温长时间加热的方法。虽然结缔组织含量多的肉质比较坚韧，但经过70℃以上在水中长时间加热，结缔组织多的肉反而比结缔组织少的肉柔嫩。

（3）水产原料质地的变化　随着加热温度的升高，鱼贝类的质地也会发生变化，一般加热到 60℃ 以上时，组织收缩，重量减少，含水量下降，硬度增加。一般硬骨鱼在 100℃ 蒸煮 10 分钟，重量减少 15%~20%，墨鱼和鲍鱼等重量减少可达 35%~40%，鱼体大、鲜度好的原料减重较少。

为此，我们在加热鱼贝类原料时，一定要控制好加热时间。根据实验得出，500 克的鳊鱼，足汽蒸制 8 分钟已经完全成熟，此时肉质水分损失较少，质地嫩，如果继续加热，水分损失增加，肉质会变老；用 6 克盐腌制 60 分钟以后的鳊鱼，足汽蒸约 9 分钟，则完全成熟且肉质细嫩。在制作墨鱼、章鱼时，加热时间更为重要，因为墨鱼、章鱼在加热前很柔软，经短时间爆炒可使鱼肉脆嫩爽口，但加热时间延长后，组织强烈脱水，硬度增加，肉质变得非常粗老。

4. 改善原料的色泽

（1）果蔬原料的色泽变化　果蔬原料的色素成分稳定性一般较差，遇光、热以后会发生变色反应，而且大多数变色反应都是我们不希望出现的，但也有少部分变色反应使菜品色泽更加艳丽，如胡萝卜、南瓜等加热以后色泽加深，有美化作用。而多数原料，特别是绿叶蔬菜和一些单宁含量较多的水果，加热会破坏原料良好的色彩，使绿叶蔬菜变黄，水果变黑，所以在加热过程中要尽量采取措施来避免色泽的变化。

（2）肉色的变化　肉受热后，颜色会发生变化。这个变化主要受加热方法、加热时间、加热温度等影响。肉内部温度在 60℃ 以下时，肉色几乎没有什么变化，65~70℃ 时，肉内部变为粉红，再提高温度成为淡粉红色，75℃ 以上则变为灰褐色，这种颜色的变化是由于肉中色素蛋白质的变化所引起的。

（3）水产原料色泽的变化　鱼贝类原料的肌肉在受热以后，肌肉的色泽由透明逐渐变为白浊色，其变化过程与肉类相同，主要是由于肌红蛋白变性引起的。生鲜的虾、蟹外表呈现青色，它是由虾黄素与蛋白质结合成色素蛋白而产生的，加热后蛋白质变性，虾黄素则被氧化成虾红素而变成红色。

3.3.3　预熟处理的目的和作用

预熟处理是将原料在正式制熟处理前，按菜肴质量的要求，加热成为所需半成品的加工手法。预熟处理与正式加热的手段是一样的，都需要用介质来加热。预熟处理的结果，可以是半熟品、刚熟品和久熟品，唯一不同之处是预熟处理的原料大多不调味，完全是一种辅助加工。由此可见，预熟处理的目的和作用有以下几点。

1. 除去原料中的不良气味

烹饪原料中大多数动物性原料都有腥、膻、臊味，这些不良气味如果不去除，将会大大影响菜肴成品的质量，所以通常用预熟处理法将其去除。另外，一些植物性原料，如鲜冬笋、菠菜等，含有草酸等物质，必须在正式熟处理前将其去掉，否则，将会影响菜肴的质量，妨碍人体吸收营养素。

2. 增加原料的色彩

色彩的调配，并非美术中的调色那么容易，多数需用加热的手段来完成。如将绿色蔬菜加热，适度的时间能形成悦目的碧绿色，引起人们的食欲；将扣肉油炸会形成金黄色，也能诱人食欲，再将两者搭配会相得益彰。有些预加热是使食物在正式处理前具有固定的形状，如将樱桃肉用水加热定型后再剞刀，不会使原料变形，利于最终的成型。

3. 缩短正式的加热时间，调整原料间的成熟速度

不同的原料具有不同的热容量，即使同一种原料，由于重量大小不一，其所需要的热容量也不一样。正式加热后的原料多是一起出锅（与西餐调配法不同），故预熟处理就显得非常重要。比如说土豆烧牛肉，牛肉一定要预先煮熟，才能与土豆同烧，否则，土豆已烂牛肉还未熟。在牛肉预熟时尽可能不调味，以加快其成熟的速度，因为过早加入盐等调味品，会使牛肉不易烧烂，这点为该类菜肴的操作要点之一。

4. 为食物的贮存作准备，使正式熟处理加工更快捷

预熟处理虽然不是正式熟处理，但在厨房的实际生产中作用很大，国外已运用得非常普遍。比如将蔬菜原料煮到半熟，然后再用冰水迅速冷却，使其降温，这样处理可以保护原料的颜色、质感，延长贮存时间，同时避免正式熟处理的长时间加热。

一般说来，细菌活动旺盛的温度是4~60℃，而当食物处在82℃以上或4℃以下时，细菌的活动将被抑制。如过去为了保存熟鳝鱼肉，多将其油炸后存放，"淮鱼干丝"中的淮鱼就是运用此种方法处理的。

最后需要说明的是，厨房生产中，为了运转的需要，许多正式熟处理方法被分段处理，如扒蹄，如果现烧，肯定不能达到菜品质感需求和时间要求，所以一定要预加热至八成熟，然后存放，顾客点后再上笼加热，待原料热了淋汁即可。这种特殊的处理方法在现代厨房中已被广泛运用，这是由于高效率带来餐饮快节奏发展的结果，也充分显示了预熟处理加工的重要地位。

3.3.4 水锅预熟处理的方法与技术要求

1. 冷水预熟法

冷水预熟法是将原料放入冷水中，通过加热升温使水沸腾，并通过水传热给原料，使原料最终成熟。由于原料由生变熟需要经过一定时间，可以充分将原料中的异味溶于水中。因

中式烹调师（初级）

此，对于体积大、腥膻气味重的动物性原料具有很好的去除异味的作用。

大型动物性原料在水中缓慢加热，可以使内部的腥膻异味随血水溶出有更多的扩散时间，若一开始用沸水处理，则会使原料外部蛋白质凝固，形成阻碍，内部的血水将不易排出。而对于植物性原料来说，通过缓慢的加热可使原料中的不良气味溶出或转化。

一般来说，冷水熟处理适合牛、羊、猪肠、猪肚等臊膻气味重、体型较大的动物性原料，以及春笋、萝卜等具有苦涩、异味、体型大的植物性原料。

具体操作要领是：加水量要以没过原料为宜；加热过程中要不断翻动原料，以使其受热均匀；水沸后，根据原料成熟度的需求将原料捞出，防止过熟。

冷水处理法包括速熟和久熟。在水沸后不久将原料捞出，目的是去除异味，是一种速熟法。以原料熟烂为目的时（是辅助处理），在锅中加热时间较长，如制作回锅肉时，需煮八成熟，才能进行下一步烹调。

2. 沸水预熟法

沸水预熟法是将原料入沸水中快速加热，使原料短时间的成熟，这种加热的主要目的是护色或保持嫩度。对植物性原料来说，沸水加热易使原料成熟，可以保持原料色泽的鲜艳。沸水可以破坏酶的活性，抑制酶促反应，如绿色蔬菜之所以色泽碧绿，是沸水加热使细胞中的空气迅速排空，显出透明感。一旦长时间加热，热量累积，将会加快镁离子脱去，叶黄素显现，出现发黄的现象。

对于动物性原料来说，沸水能使之快速成熟，保持嫩度。如将腰片入沸水中焯烫，可以使腰片软嫩，并带少许"脆感"，加工时，需将腰臊去掉后，片成薄片，入沸水迅速焯烫即可。运用此类方法预熟处理的还有墨鱼花、鱿鱼卷等。

沸水预熟法适合蒜薹、青菜、莴笋、四季豆等植物性原料，以及鸡、鸭、鱼、猪肉等异味小、体型小、质地嫩的动物性原料。具体操作要领是：原料下锅时水要沸腾，水量要大，水面要宽，火力要用中大火，短时间加热，绿色蔬菜焯烫后要迅速用冰水或凉水降温。

事实上，多数冷菜加工技法都运用了预熟处理方法，如拌腰片、白切肉等。

3. 水预熟处理的原则

1）根据原料的性质掌握加热的时间，选择适宜的水温和火候。

2）一般蔬菜、味清鲜的原料选择沸水入锅，动物性原料、味重的原料选择冷水入锅。

3）注意无色与有色、无味与有味、荤与素在用水加热时的关系，一般先投入无色、无味、素的原料，再加热有色、有味、荤的原料，以讲究效率，节约能源。

4）注意营养和风味的变化，尽可能不过度加热。

技能训练 6　土豆块的冷水锅预熟处理

1）原料：土豆 300 克。

2）工艺流程：土豆→切成滚刀块→漂水→入冷水锅焯水→捞出。

3）操作步骤

① 土豆洗净，去皮，切成滚刀块，漂水沥干水分。

② 锅中放入冷水，倒入土豆块，中小火进行焯烫，土豆的成熟度依据菜品设计的需求而定。

技能训练 7　干丝的热水锅预熟处理

1）原料：方干 1 块。

2）工艺流程：方干→批薄片→切细丝→入沸水锅→烫煮 2 分钟→捞出。

3）操作步骤：用平刀法进行方干的批片处理，铺平、摆放均匀后，进行直刀法切丝。提前煮一锅沸水，将切好的干丝投入沸水中，用筷子轻轻打散，避免干丝成团，烫煮 2 分钟后捞出，过凉，沥干水分，备用。

复习思考题

1. 菜肴挂糊的作用是什么？

2. 菜肴挂糊的操作要领有哪些？

3. 菜肴上浆的目的和作用是什么？

4. 简述淀粉的种类及使用方法。

6. 简述菜肴调味的目的和作用。

6. 常见的调味方法有哪些？

7. 简述原料加热的目的和作用。

8. 简述原料预熟处理的原则。

项目4

菜肴制作

▼ ▼ ▼

菜肴制作
├─ 热菜制作
│   ├─ 翻勺（或翻锅）的形式及技术要求
│   ├─ 烹调方法的分类与特征
│   ├─ 热菜调味的基本方法
│   ├─ 炸、炒、烧、煮、蒸、氽的概念及技术要求
│   └─ 水导热、油导热、气导热的概念
└─ 冷菜制作
    ├─ 生炝、拌、腌等常见冷制冷食菜肴加工要求
    └─ 单一主料冷菜装盘的方法及技术要求

菜肴制作有两大类：热菜和凉菜。

4.1 热 菜 制 作

4.1.1 翻勺（或翻锅）的形式及技术要求

1. 翻勺的形式

翻勺一般有两种，即大翻和小翻。这两种翻勺方法又分为前翻、后翻和侧翻 3 种形式。其中，在菜肴烹调过程中前翻居多，而菜品装盘时多采用侧翻。对于体型较大且要保持体型完整的菜品采用大翻勺，一般炒菜采用小翻勺较多。

2. 翻勺的技术要求

（1）翻勺的基本要求

1）翻勺时要做到握勺姿势正确，一般以左手握勺，手心转右向上，贴住勺柄，拇指放在勺柄上面，然后握住勺柄，握力要适中，不要过分用力，以握住、握牢、握稳为准。

2）双耳锅翻勺，左手持一块抹布，折叠后遮住手掌，用拇指钩住耳锅一侧，四指张开抵住锅边。在翻勺过程中要充分发挥腕力和臂力的作用，确保翻勺灵活与准确。

3）用右手握住手勺（锅铲），握时要用右手的中指、无名指、小指和手掌握住手勺柄的顶端，起钩拉作用；食指前伸，贴在手柄的上面，拇指按住手勺柄的左侧，拿住手勺。在烹调过程中，握炒勺和手勺的两只手要相互配合。

（2）翻勺的基本技术要领　大翻时，除翻的动作迅速、准确、协调外，还要注意以下几个技术要领。

1）做大翻勺菜品，勺要求光滑。当勺发涩时，在烹调前，先把勺放在火上烧热，放些冷油烧沸，再用手勺搅动，使的各处均沾上熟油，然后把油倒出，此时勺变光滑。这种方法，行话叫炼勺。

2）大翻勺前要运用"晃勺"方法，使菜肴旋转，如果感觉涩锅，可以从锅边淋一圈油，增加润滑度，再进行大翻勺。

3）对于需要勾芡的菜肴，在进行大翻勺前，一定要掌握好芡汁的浓稠度。

4.1.2 烹调方法的分类与特征

烹调方法分类必须以成熟方法为主线，结合调味形式进行分类。烹调方法的一级分类应以传热介质为根据，二级分类仍以介质为主，同时结合调味形式进行分类。依传热介质的不同可分为液态、固态和气态 3 种。一般中餐中多以液态传热为多，而液态介质分为水传热法和油传热法两种。

1. 烹调方法的分类

（1）**水传热烹调方法**（见图 4-1） 依据水的温度可分为温水传热法和沸水传热法，水的最高温度为 100℃。在沸水传热法中，煮的烹调方法是最基本的加热方法，其他的方法可在其基础上演绎推导。

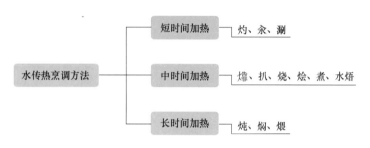

图 4-1 水传热烹调方法

在水传热烹调方法中，用水量的多少有些区别，灼、氽、涮等用的水量较大，而烧、烩、燠等用的水量较少。

（2）**油传热烹调方法**（见图 4-2） 油传热法中油的温度可分为 100℃以下和 100℃以上，称为温油和热油传热法。油传热烹调方法分为纯油传热法和油水结合成熟法。由于油不具有水的溶解性和扩散性，多数调味料不能溶解于油中，使油在加热中无法完成调味，只能在加热前或加热后进行调味。在实践中，纯油传热法结束后，多数还要用水辅助传热进一步调味，故称为油水结合烹调。

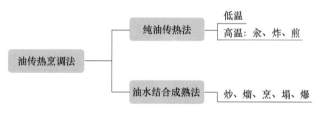

图 4-2 油传热烹调方法

（3）**气传热烹调方法**（见图 4-3） 气态介质的传热法包括热空气传热法、热蒸汽传热法、混合气传热法。

1）热空气传热法包括两种：一是在密闭的容器中加热，受热较均匀；二是在半密闭的容器中加热。其中，用烟气进行加热是一种特殊的方式，如熏，但此方法在烹调的过程中会产生危害人体的气体，所以传统的熏现在用得较少，行业用烟熏枪的较多。

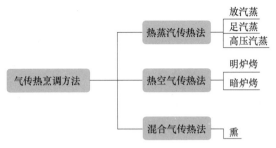

图 4-3　气传热烹调方法

2）热蒸汽传热法包括两种：一是非饱和状态的蒸汽传热，如对质嫩、蓉泥、蛋制品的加热多用放汽蒸；二是饱和状态的蒸汽传热，如足汽蒸，蒸鱼、蒸肉等。

3）混合气传热法主要指熏。

（4）**固态介质传热法**　固态介质传热法主要分为金属传热法和盐沙传热法两类。

1）金属传热法，主要是用金属锅直接加热原料，这种方法在实践中不常见，常见的有烙。

2）盐沙传热法，用盐或泥沙来做加热介质加热原料。由于盐或泥沙的特殊性，加热中尽可能不直接接触原料，需要用锡纸等包裹后再放入介质中加热。具体如盐焗、沙焗、泥烤等。

2. 传热介质的温度控制

液体介质加热在我国烹饪中占有重要地位，液体加热的变化比较复杂，水温和油温的控制显得十分重要。

（1）**水温的控制**　水温不同对菜肴品质影响较大，也适用于不同的烹调方法。

1）沸水温度在 100℃，适用于汆、煮、烧、炖、煨等烹调方法。

2）热水控制在 55~90℃，适用于水浸、水焐等。

（2）**油温的控制**　油作为加热介质有其特殊性，因为油温上升较快，故将其划为以下几种。

1）低温油 80~130℃，油面泛白泡，无声响和青烟，适用于滑炒、油汆、油浸等。

2）热油 150~180℃，油面明显翻动，并向中心移动，锅边开始有油烟，适用于炸、焦熘、烹等方法。

3）高热油 180~230℃，油面平静，生成大量油烟，适用于炸、油淋、油爆等烹调方法。

油温的划分并非一成不变，需要根据具体的菜肴要求来确定，要掌握油温与油量、火力的关系，掌握油温与原料体积、质地的关系，掌握油温与原料数量的关系。

（3）**蒸汽温度的控制**　蒸汽的形成是水分沸腾后蒸发产生的，所以蒸汽的最低温度应在100℃左右，而加压后蒸汽的温度可达到 120℃。

1）放汽蒸，温度在 95~100℃，冒曲汽，适用于蛋羹、蛋糕、鱼虾蓉制品。

2）足汽蒸，温度在 100~103℃，冒直汽，适用于质嫩的原料。

3）高压汽蒸，温度在 103~120℃，喷直汽，适用于块形大、质老的原料。

蒸汽加热时要注意时间的运用，特别是蒸一些活水鱼，要求鱼品质鲜嫩、爽滑，一般蒸 7~10 分钟，其余的根据菜肴要求决定蒸制的时间。

4.1.3　热菜调味的基本方法

1. 以调味品与原料的结合形式为主的调味方法

（1）**热传质调味法**　此法是通过加热使调味料进入原料内部，从而达到调味目的，加热可以加快原料入味的速度。大多数的烧菜、烩菜、清炖菜等都用这种调味方法，其中水分既是传热介质，也是传味介质，会在加热过程中将调味料传到原料中，使菜品入味。

（2）**烟熏调味法**　此法就是将调料与其他辅助原料加热，利用产生的烟气使原料上色并入味。常用的生烟原料有糖、茶叶、米饭等，但这些原料的烟味主要是起增香作用，所以在烟熏前一般先要腌制，使原料入味。另外，原料表面必须干燥，利于烟香味吸附。熏烟成分因所用的材料种类不同而不同，其中的主要成分有酚、甲酚等酚类，甲醛、丙酮等羰化物，以及脂酸类、醇类、糖醛类化合物等，以酚类、酸类、醇类化合物对熏肉制品的香气影响最大。

当熏制方法不同时，例如在较低的温度下熏制，肉类对高沸点酚类化合物的吸附大为减少，从而使熏制品的香气产生差异。

（3）**包裹调味法**　将液体或固体状态的调味料黏附于原料表面，使原料带味的调味方法称为包裹调味法。根据用料品种和操作方法的不同，又可分为液体包裹法和固体包裹法。液体包裹法就是运用淀粉受热糊化，产生黏性，将调味料一起包裹在原料的表面。固体包裹法主要是指拔丝、挂霜两种调味方法。运用糖加热熔化后产生的黏液，将原料包裹均匀，挂霜的糖液冷却后仍然结晶成固体，但将原料包裹其中，使菜品具有香、甜、脆的效果。

（4）**浇汁调味法**　此法是将调味料在锅中调配好后，淋浇到已成熟的原料上面，使菜品带味，主要适用于脆熘或软熘的菜肴。因为有的原料经过剞刀以后，形成一定的造型，不便下锅翻拌，只能采用浇汁的方法调味，如菊花鱼、清蒸鱼等；也有因为体型较大和菜品质地的要求，不便下锅调味，如醋熘鳜鱼、西湖醋鱼等。

（5）**沾撒调味法**　将固体粉状调料黏附于原料的表面，使菜品赋味。根据受热的前后次序可分为生料沾撒法和熟料沾撒法。如粉蒸肉、粉蒸鸡、香炸鸡排等菜肴就属于生料沾撒法，先在原料的表面裹上淀粉、蛋液，然后再沾上粉料，进行蒸炸处理。熟料沾撒法就是原料成熟以后沾撒调味料，如椒盐、孜然等，将菜肴制作完成后，撒上调味料即可。

（6）**跟碟调味法**　也称补充调味法，是将调料盛装在调味碟中，跟菜肴一起上桌，适合烤、炸、涮、煎等烹调方法，可选的调味料有椒盐、番茄沙司、甜面酱、沙拉酱、泰国鸡酱

等。跟碟的调味料必须符合卫生要求。

2. 以调味程序为主的调味方法

有烹前调味法、烹中调味法、烹后调味法（见3.2.2节）。

3. 以调味目的为主的调味方法

有消除异味法、增香调味法、定位调味法（见3.2.2节）。

4.1.4 炸、炒、烧、煮、蒸、余的概念及技术要求

1. 炸

油炸是将处理过的原料放入多油量的油锅中，用不同的油温、不同时间加热，使菜肴内部保持适度水分和鲜味，并使外部酥脆干香的成菜技法。

（1）低温油炸法　加热过程中的油温一般控制在120℃以内，原料刚下锅时油温要低，让原料慢慢养熟，出锅时油温要高，排出原料表面的油，使菜品不含油。低温油炸法在加热前一般有高丽糊和纸包两种，油温的控制是关键。

（2）高温油炸法　指将原料投入多油量的油锅中，经两次加热使原料成熟的加工方法。一般两次炸法的油温有两步：先将原料投入中温（90~140℃）油锅中炸制成熟，后将原料投入高温（140~180℃）中炸制成熟。

高温可以使水分迅速汽化。要使原料达到外脆里嫩的口感，初炸的温度不能太高，否则外部迅速脱水的速度大于原料内部成熟的速度，会形成外焦里不熟的现象。所以，为达到菜肴外脆里嫩的口感，一般要经过初炸和复炸。

应注意的是，由于饮食卫生要求和保护营养素的需要，食物加热应尽量避免200℃以上的高温。除特殊情况外，原则上一般对质地嫩、新鲜的原料，多保持外脆里嫩的口感。高温油炸的菜肴在炸制的过程中容易造成水分流失，所以要采取一些挂糊、拍粉等措施。不采用此方法的一般叫作清炸。另外，在炸制时需根据原料体型大小、菜肴要求等综合考虑油温、时间等炸制要素。

2. 炒

炒是菜肴制作中较快的一种烹调方法，具体是将原料加工成丁、丝、片等较小形状，用旺火少量热油快速加热、调味、翻拌均匀成熟的加工方法。

对于动物性原料来说，在烹调前需要经过上浆处理，起锅前有的还须勾芡。而植物性原料在炒制时无须上浆、勾芡（粤菜有时也勾芡以增加菜品色泽）。原料的选择范围比较广，大部分原料皆可，刀工成形一般为片、条、丝、粒、末等小型料。炒法依据油温高低、油量大

小可分为滑炒、爆炒和煸炒 3 种。

（1）**滑炒** 滑炒是将原料处理后，投入到中低温油中加热成熟，再与配料、调料翻拌并勾芡的加工方法。一般滑炒多选用动物性原料，将其加工成片、丝、丁等较小的形状，并加调味品上浆，起锅前勾芡。在烹调海鲜时，由于有些海鲜具有腥味，所以先采用焯水的方法，然后再滑油。

（2）**爆炒** 爆炒是将原料处理后，投入热油锅中快速加热成熟，再与配料合炒并勾芡的加工方法。一般爆炒的原料多选用动物性原料，且大多要剞花刀以便去腥和快速成熟，有些根据需要可以不上浆，成熟时需要勾芡，并以兑汁芡为主。爆炒与滑炒的区别在于爆炒的油温高，而滑炒的油温相对较低，两种烹调方法制作的菜肴口感上有很大区别。

（3）**煸炒** 煸炒是将原料处理后，投入少量的热油中快速加热成熟的加工方法。煸炒的方法比较复杂，原料的生熟、荤素，以及用油的多少都会有些差异，一般分为生煸、干煸和熟炒。

1）生煸有两类：选用生的植物性原料，既不上浆也不勾芡，直接用大火炒制成熟；选用动物性原料上浆后，放入油锅中煸炒至断生，调味勾芡即成，如宫保鸡丁、鱼香肉丝等。这种方法与爆炒和滑炒的区别在于油量的多少，与爆炒和滑炒的类型和效果一样。

2）干煸指先用油将原料的水分煸干，再加入调味料煸炒入味。此方法原料不上浆，不勾芡。

3）熟炒是指将原料煮熟后切成片或条，在油锅中煸炒后调味成菜的方法。此方法原料一般不需上浆，可勾芡也可不勾芡。

3. 烧

烧是将预制好的原料加入适量汤汁和调料，用旺火烧沸后，改用中、小火加热，使原料适度软烂，而后收汁或勾芡成菜的多种技法的总称。

烧是水烹法中最精细、最复杂、最有特色的一种技法，要经过两种或两种以上的加热方法才能完成。烹调流程不统一，操作方法也各不相同。烧的种类繁多，质感多样。

（1）**用料** 烧所用料比较广泛，既可用动物性原料，也可用植物性原料；既可用生料，也可用熟料、半熟料、全熟料；既可用整料，又可用各式各样的碎料；既可用挂糊的料，也可不用。原料预制的方法也多种多样，如煎、炸、蒸、煮等都可以。

（2）**时间与火候** 烧的加热时间一般控制在 30 分钟以内或 30~60 分钟。火候各有不同，主要是以水为传热介质，多数使用中火或小火进行。成菜要自然增稠，行业上称之为"自来芡"。

（3）**分类** 烧依据汤色可分为红烧和白烧，依调味可分为葱烧、酱烧等，如酱烧鱼头、葱烧海参等。

4. 煮

煮是指将原料放入水中，用大火加热至水沸，改中火加热使原料成熟的加热方法。一般煮的水温在 100℃左右，加热时间在 30 分钟以内，成菜汤宽，不需要勾芡。煮通常煮可作为制作热菜、汤菜、冷菜的预制手段。

通常说的热菜煮法，是将初步熟处理的半成品或腌制上浆的生料放入锅中，加入多量的汤汁和清水，先用旺火烧开，后改用中等火力加热、调味成菜。此类煮菜大都汤汁较宽，汤菜合一，口味清鲜或醇厚，常用原料为畜类、鱼、豆制品、蔬菜等。

煮法汤菜主要是运用刚性火候让原料在旺火或中火烧的沸水中受热，在热能作用下变性分解，在短时间内成熟。煮法的加热时间一般不太长，特别是改为中火加热入味时，速度要尽量快些，在汤汁转浓入味、原料断生或刚熟时，就要及时起锅。此类煮法不同于烧、炖等烹调方法，一般是半汤半菜，因此要掌握好汤和菜的比例，避免出现菜少汤多或汤少菜多的现象。

煮的方法运用到冷菜制作中，常见的为白煮和卤。与热菜加热法一样，白煮相当于清煮，卤相当于汤煮。白煮与煮的方法相同，而卤是一种特殊的煮法。卤注重用汤，滋味丰富。

5. 蒸

热蒸汽传热主要是利用水沸后形成的蒸汽来进行的。由于原料与水蒸气处在密闭的环境中，原料在饱和的蒸汽下加热成熟，风味物质挥发较少，能保证原汁原味。

一般蒸有两种口感，一是烂，二是嫩，同时也形成了两种调味方式。第一，以酥烂为主的调味方式，此类菜品在蒸制前需要进行调味，如粉蒸肉、豆豉排骨等。另外，蒸汽加热原料不易上色，一些红扣、红扒的菜肴需要先烧制上色，调好口味后，上笼蒸至酥烂。第二，以嫩为主的调味，此类菜品蒸制时间较短，成品要突出原料本身的鲜味等特色，一般是蒸制成熟后调味，如蒸鱼用蒸鱼豉油等。蒸的方式依据加热的种类可分为放汽蒸、足汽蒸、高压汽蒸 3 种。

（1）**放汽蒸** 放汽蒸是将原料放入不饱和蒸汽中，快速加热使原料成熟的加工方法。选料范围是极嫩的蓉泥、蛋类原料，刀工成形以蓉泥为主。操作程序：原料经过特别加工，放入不饱和蒸汽中快速加热至熟。放汽蒸是蒸汽加热中比较特殊的加工方法，加热时间根据原料的嫩度可分为短时间蒸和长时间蒸两种。

（2）**足汽蒸** 此方法是将原料放入饱和蒸汽中加热，使原料成熟的加工方法。蒸汽处于动态平衡中，生成的蒸汽数量与逸出的蒸汽数量相一致，比放气蒸压力大，加热温度自然相对较高。

选料范围是新鲜的动、植物原料，刀工成形是剞刀成花型或整型料。操作程序：原料经加工，放入饱和蒸汽中加热，使原料达到应有的品质要求。足气蒸的加热时间应该根据原料的老嫩和成品要求来控制，也分为短时间蒸和长时间蒸两种。口感要求嫩的蒸的时间较短，一般在 5~10 分钟；口感要求烂的蒸的时间较长，一般在 2 小时以内。根据蒸的形式又分为直接蒸和隔水蒸两种。

（3）高压汽蒸　将原料放入高压蒸汽中，快速加热使原料成熟的加工方法。利用加压的方式使温度升高，进而使原料快速成熟。

操作流程：原料加工处理后放入高压蒸汽中，快速加热成熟。高压蒸汽加热的时间控制依据原料的老嫩及品质要求而定，由于加热迅速，即使对老韧的原料，加热时间也最多在 30 分钟左右。

6. 汆

汆采用极短的时间加热，突出原料自身鲜味和质感，汤汁清淡。制作汆菜时，原料下入沸水锅中，待水面再次沸腾即可出锅。一般汆制品主要是汤菜，具有汤宽量多、滋味醇和清鲜、质地细嫩爽口等特点。汆主要的技术和特点如下：

（1）**质感脆嫩**　由于原料在汆制的过程中，加热时间较短，大大减少了原料水分的流失，同时又能使水分子渗透到原料内部，保证原料鲜嫩的口感。所以，加热时间是汆的关键。

（2）**重视形状**　保持菜形的关键是掌握好原料下锅时的水温。大致来说，原料下锅的水温可分为 4 种：滚开沸水，水温为 100℃；沸而不腾，水温控制在 90℃左右；微烫的温水，水温在 50~60℃之间；温凉水，水温多在 50℃以下。在汆制时，水温根据原料耐热性能、制熟程度以及对保持菜形的要求等分别掌握。

（3）**讲究鲜醇爽口**　为达这个目的，对汤的质量有严格要求。一般均用清澈如水、滋味鲜香的清汤，也可用白汤，但浓度要稀些，以保持汤汁的清爽。为防止汤汁混浊，原料一般不上浆、不勾芡；所用调味料除葱、姜、料酒外，只用盐、味精，口味咸鲜，很少用带色调味。从主体上看，脆嫩、鲜醇、清爽是汆菜的主要风味特色。

4.1.5　水导热、油导热、气导热的概念

1. 水导热

水导热就是以水为传热介质加热，其沸点最高只达 100℃，这样，使水具有独特的性质。比如，水的沸腾和微沸现象，虽然它们的温度是 100℃，可结果不同，沸腾的水只能加速汽化而不能提高温度。

沸腾的水比微沸的水在单位时间内能产生更多的热量传递，因为沸腾的水形成对流，能使原料很快成熟，短时间加热能防止原料体内水分过度流失，使菜肴口感软嫩。

微沸状态的水可以保证单位时间的传热量少，减少水分的过度蒸发，从长时间加热来看，

食物从中获得的总热量并不少，虽然水分有流失，但保证了食物分子间的键断裂，形成软烂的口感。因此，一般遵循的原则是：要口感嫩，就要用沸水短时间加热；要口感软烂，就要用小火微沸长时间加热。

2. 油导热

油导热就是以油为传热介质加热。由于油的传热系数比水小，静止的油主要传热方式是传导，此时比水传热慢，所以明油亮芡、热油封面都是利用此原理。

油加热后，分子运动后的主要传热方式是对流而并非传导，此时，油会比水吸收更多的热量，升温也比水更快。油的沸点高，通常的油沸点可达到 200℃ 以上，如牛油 208℃，复合油 210℃，猪油 221℃，棉籽油 223℃，豆油 230℃。

油的温域宽，易与食物形成较大的温差，可使原料中水分迅速汽化，所以一般油导热的菜肴能形成外脆里嫩、里外酥脆、软嫩等几种典型的口感。一般遵循的原则：外脆里嫩的口感，运用中油温短时间处理后，再用高油温短时间处理；里外酥脆的口感，运用中油温长时间处理，以排出原料体内的水分，再用高油温短时间处理。

3. 气导热

（1）蒸汽导热 蒸汽的温度可达 120℃，饱和的水蒸气可快速加热，减少原料中水分的损失。蒸汽加热可使食物达到软、嫩、烂的口感。因此，一般来说遵循的原则是：要形成嫩的口感，用足汽蒸；要形成软烂的口感，用足汽缓蒸；要形成极嫩的菜肴，用放汽速蒸。

（2）热空气导热 利用空气的温度进行加热，一方面是热辐射直接将热量辐射到原料的表体；另一方面依靠空气的对流形成炉内的恒温环境，将热量分布均匀，在辐射热与对流热并存下使原料变性，水分易于蒸发，表层易于凝结，产生干脆焦香的焙烤风味。

技能训练 1　红烧鲫鱼

1）主料：鲫鱼 750 克，肉末 50 克。

2）调辅料：生姜 10 克，葱 15 克，料酒 20 克，盐 12 克，味精 8 克，老抽 15 克，生抽 25 克，白糖 8 克，色拉油 500 克（实耗 25 克）。

3）工艺流程：鲫鱼宰杀→配料改刀→烧制→装盘成菜。

4）操作步骤

① 将鲫鱼刮去鱼鳞，去鱼鳃、内脏，冲洗干净。

② 生姜切块；葱 2/3 打结，1/3 切成葱花。

③ 锅上火烧热，放油滑锅，入鲫鱼煎至两面金黄。

④ 另起锅置火上烧热，放油滑锅，入肉末煸炒至酥，加水、鲫鱼、生姜、葱结、料酒、

盐、白糖、味精、生抽、老抽大火烧开，转小火烧 25 分钟。

⑤ 转大火收汁，待汤汁浓稠，淋少许油，撒上葱花即可起锅装盘。

5）成品特点：鱼形完整，口感软嫩，味道咸鲜，葱香浓郁。

技能训练 2　青椒肉片

1）主料：猪里脊肉 350 克。

2）调辅料：青椒 1 个，生姜 8 克，葱 10 克，料酒 10 克，盐 8 克，味精 5 克，老抽 10 克，鸡蛋清 10 克，湿淀粉 20 克，色拉油 750 克（实耗 25 克）。

3）工艺流程：主配料改刀→主料上浆→主配料滑油→炒制成菜→装盘。

4）操作步骤

① 猪里脊肉切成 5 厘米×3.5 厘米×0.15 厘米的片，放入碗内，加盐、味精、料酒、水、鸡蛋清、湿淀粉上浆。

② 青椒切成边长 2.5 厘米的菱形片，姜切成 0.5 厘米厚的菱形片，葱切成 1 厘米长的段。

③ 锅上火烧热，放油滑锅，倒入色拉油烧至三成热，将肉片、青椒片入锅中滑油至熟。

④ 锅留底油置火上，入姜片、葱段煸炒，入水、盐、料酒、味精、老抽调味，烧开后勾芡，入肉片和青椒翻炒均匀，淋油起锅装盘即成。

5）成品特点：肉片滑嫩，味道咸鲜，青椒爽脆。

技能训练 3　清蒸鳜鱼

1）主料：鳜鱼 1 条（750 克）。

2）调辅料：五花肉 30 克，生姜 8 克，葱 10 克，料酒 10 克，蒸鱼豉油 30 克，色拉油 30 克。

3）工艺流程：鳜鱼宰杀→洗净→摆盘→入蒸锅中蒸制成熟→撒葱姜丝、浇豉油→淋上热油。

4）操作步骤

① 将鳜鱼刮去鱼鳞，去鱼鳃、内脏，冲洗干净。

② 葱一半切段一半切丝，姜一半切片一半切丝，五花肉切片，葱丝和姜丝泡水待用。

③ 取一只盘子，放入一半五花肉片、生姜片、葱段垫底，放入鳜鱼，再放入另一半五花肉片、生姜片、葱段，淋上料酒。

④ 蒸锅上火，旺火足汽，入鳜鱼蒸制 8 分钟，取出捡去五花肉、生姜片、葱段，撒上葱姜丝，倒入蒸鱼豉油。

⑤ 锅上火放油烧热，淋鱼上即可。

5）成品特点：鱼肉鲜嫩，味道咸鲜。

4.2 冷菜制作

冷菜是用来制作冷盘的主体材料。通过各种不同的成熟方法，将冷菜加工达到制作标准的熟制品的过程称为冷菜制作。冷菜制作分为冷制冷菜和热制冷菜两大类。

1. 冷制冷菜

冷制冷菜就是不经过加热直接调味食用的冷菜，如凉拌、炝、醉等。这类冷菜在加工和保存时对卫生的要求很高。

2. 热制冷菜

热制冷菜是指原料经过加热后用于冷菜的菜品，如卤、酱、烧等。制作这类冷菜首先要掌握口味的变化，其口味比一般热菜要重。其次要注意菜品的颜色，按照菜品的成品特色控制好酱汁的用量。

冷菜制作完成后，一般情况下不会继续加热，所以冷菜加工对卫生要求非常高，特别是冷制冷菜，在操作过程中要严格对餐具、用具进行消毒处理，不可用手直接接触食物，冷菜间需配备专用的卫生设备。

冷菜调味和热菜也有些许差别，冷制冷菜在调味时一般要求以清淡为主，切忌用深色、重味调味品。

4.2.1　生炝、拌、腌等常见冷制冷食菜肴加工要求

1. 生炝

生炝是选用动植物性原料，不经过预加热成熟处理，直接炝制。常见的有河虾、鲜嫩黄瓜、莴笋、小水萝卜等，与其他冷菜相比菜肴品种也比较少。生炝分为浇香辛调味料油炝、用酒及香辛料炝制两种。

（1）**浇香辛调味料油炝**　此法主要以蔬菜为主，突出油和香辛料的香味，和凉拌略有不同。具体操作方法如下：

1）直接使用生料，经过加工清洗后放入盘内，再浇以热香辛调味油，炝拌均匀即可。

2）将生料在加工清洗后用盐腌一下，再浇以热香辛调味油炝制。腌制时用盐量要适量，撒放均匀，适当揉搓，充分发挥盐的渗透压功能，不过腌制的时间不宜过长，防止咸味过重。

（2）**用酒及香辛料炝制**　此方法主要适用于动物性原料中的小型鲜活水产品，又称为

"活炝"。活炝的关键是掌握好卤汁料的配比。卤汁料用白酒（或花雕）、味汁调制而成，酒的比例要适当，以白酒为好，若用花雕则要增加量。炝制时间的长短因原料而定，一般只需几个小时即可。

2. 拌

拌是将加工处理的小型生鲜生料，经调味品拌后直接食用的一种冷菜技法。这是典型的"冷制凉吃"的方式，故有"凉拌"之称。拌制菜品在制作形式和调味方式上与生炝有类似之处，其不同点在于：生炝菜以鲜活的动物性原料为主，拌制菜品则以新鲜的植物性原料为主；生炝菜肴的调味常用一些味道比较浓烈的调味料如白酒、姜米、胡椒粉等，菜肴的味型一般比较浓厚，而拌制菜品使用的调味品相对单一，以咸鲜口味居多，味道一般比较清淡。

拌制菜品由于方法比较特殊，属于只调味不加热的一种方法，对原料及其形状也有一定的要求。凉拌菜品所用主料基本上以植物性原料为主，如藕、嫩黄瓜、水萝卜、嫩莴笋等。在初加工时，一般以丝、小条、薄片、小块料为主。

拌制菜品在调味时一般以清淡、爽口为主，以无色调味居多，较少使用有色调味料。拌制菜品的关键在于调味汁的调制和运用。调制分为直接调、锅内混合加热调两种。前者重点是掌握好各种调料的比例，使之既有综合味又有原料的本味；后者在锅内加热混合调制，除了调料的配比外，主要是掌握下调料的次序和加热时间，使味汁的滋味融合恰到好处。最常见的调料有麻酱汁、红油汁、麻辣汁、蒜泥汁、怪味汁等。

3. 腌

腌是将原料浸渍于调味卤汁中，或采用调味料涂擦、拌，并排出原料水分和异味，使原料入味并使某些原料具有特殊质感和风味的一种方法。

在腌制的过程中，主要调味品是盐。大多数动植物性原料都适合腌制成菜，植物性原料一般口感爽脆，动物性原料则具有质地坚韧、香味浓郁等特点。腌一般可分为盐腌、醉腌和糟腌 3 种形式。

（1）**盐腌**　将盐放入原料中翻拌或者涂擦在原料的表面。盐腌菜品一般不经过加热，直接装盘上席，所以在制作时要注意卫生安全等因素。腌制时要注意盐的用量和腌制的时间，一般腌 1~2 小时，水分渗出后，须挤干水分，以保证菜品清鲜爽脆的口感，如酸辣白菜、酱汁莴笋等。

（2）**醉腌**　以酒和盐为主要调味料，再配以其他的调味料和香料调成的汁，将原料投入到卤汁中，经过浸泡腌制成菜的方法。在醉腌过程中加有色调味品称为红醉，反之是白醉，一般适用于动物性原料和植物性嫩茎原料。依据原料的预热与否，可分为生醉和熟醉。生醉主要适用于水产原料，如虾、蟹、贝和植物性嫩茎原料，而肉、禽、鱼等原料多用于熟醉。

醉腌时间的长短，应当根据原料和腌制方式的区别而有所不同，一般生醉的时间长一些，熟醉时间短一些。另外，盐的用量也和腌制时间有很大关系，长时间腌制时，卤汁中咸味不能太重，防止菜品太咸，短时间腌制则不能太淡。

4. 泡

泡是将新鲜的果蔬原料，投入到调制好的卤汁中浸泡，利用乳酸菌发酵成菜的方法。泡即浸泡之意，成品统称为"泡菜"。制作泡菜最好用特制的坛子，用水封口，上加盖碗，具有良好的密封性。

泡菜是四川和延边地区的特色冷菜菜品之一，成菜特点具有不变形、不变色、咸酸适口、微带甜辣、鲜香清脆的特点。泡菜一般有制盐水、出坯、装坛泡制 3 道工序。无论哪种泡菜，在制作时都应注意以下要点。

1）用来泡制的原料必须新鲜，且含有较多水分，以保证泡制的成品口感爽脆。在初加工时，应彻底清洗干净，并沥干水分，不可将生水带入泡菜坛中，否则容易腐败变质。

2）每次投入新的原料时应随之按比例添加调味料，做到先泡先捞。

3）初做泡菜卤时最好在卤汁中加入一定数量的老卤，这样成品的口味更加醇厚。

4）取食泡菜时不能带入油腻和其他不洁物，要用专用的筷子夹取，以防止泡卤变质。

5）泡制时间的长短根据原料体型大小、质地及季节而定。一般较为厚实的原料泡制的时间久一些，小、薄的原料时间稍短。原料在初加工时尽量保持形状整齐，以保证同批次的原料"成熟度"一致。夏天泡制的时间较短，一般 1~2 天即可；冬天泡制时间一般需要 3天以上。

四川泡菜的用料极为广泛，几乎脆性植物性原料都可以泡制，如白菜、萝卜、黄瓜、胡萝卜等。

4.2.2 单一主料冷菜装盘的方法及技术要求

冷菜装盘要突出食用性和艺术性。大致上看，冷菜装盘可分为垫底、围边、盖面 3 个步骤，其拼摆的手法通常有堆、排、叠、扣等。

1. 单一冷盘拼摆的基本步骤

（1）**垫底** 对于绝大多数单一冷盘来说，垫底是拼摆过程中最初的也是最基本的步骤。垫底能利用成品的边角料或散形碎料，做到物尽其用，能最大限度地降低冷菜的物料成本，提高餐饮企业的毛利率。垫底需要将成品加工成小块、小条、丝等形状垫于盘子中间底部。垫底时需要平整、服帖，另外，垫底的成品品种要与刀面的品种相一致。

（2）**围边** 围边又称盖边，是将相对比较完整的冷盘材料经过刀工处理后，拼摆覆盖在垫底材料的边沿上，犹如房屋的墙壁，具有支撑主体刀面的作用，故行业上又称为"砌墙"。

围边的冷盘材料既要做到厚薄均匀、大小一致，还要做到拼摆整齐，并且要注意垫底粗坯的轮廓和角度，要完全覆盖，以免因"露底"而影响冷盘造型的美观。

（3）**盖面**　对于单一冷盘的盖面，就是冷盘材料经过一定的刀工处理及拼摆后，整齐地覆盖在垫底材料的最上层，使冷盘造型饱满、整齐、形状美观。应选用材质最好、最肥美、最完整的部位，使该冷盘更为突出，风味更为明朗，如盐水鹅，盖面部位应该选择鹅脯。

2. 单一主料冷菜拼摆手法

（1）**堆**　将一些料形不规则的冷盘材料堆放在盘中。此方法用于料形不规则的普通单碟冷盘造型，如挂霜腰果、梁溪脆鳝、琥珀桃仁等。堆的手法可以给人以内容充实、饱满、丰厚的视觉感受。其成品形状一般是底层大，上层小，大多呈宝塔状。

（2）**排**　将加工处理的冷盘材料并列成行地装入盘中。排具有易于变化、朴实大方、整齐美观等特点，大多用于较厚的方块或椭圆形块状的冷盘材料，如蒜香酥腰、酱牛肉等。根据冷盘材料的品种、色泽、形状、质地及盛器的不同，又有多种不同的排法，有的适宜排成锯齿形，有的适宜排成椭圆形，有的适宜排成整齐的方形，有的适宜逐层排放，有的适宜配色间隔排或排成其他的样式。总之，以排的手法拼摆的冷盘造型需要有整齐美观的外形。

（3）**叠**　把切成片形的冷盘材料一片一片整齐地叠放在盘中，一般用于片形材料，是一种比较精细的拼摆手法，以叠阶梯形为多。叠时要与刀工密切配合，随切随叠，叠好后一般用刀铲放在已经垫底及围边的冷盘材料上。可见，叠较多运用于盖面刀面的拼摆中。采用叠进行拼摆的冷盘材料一般以韧或脆、软性而又不带骨的居多，如火腿、肴肉、鸭脯等。叠要求材料厚薄、长短、大小一致，且间隙相等、整齐划一，方可悦目美观。

（4）**扣**　将加工成形的冷盘材料，先排放在碗中或刀上再覆扣于盘中的一种手法。采用这一手法拼摆冷盘时，一定要把相对整齐、质佳的材料放在碗底，这样覆入盘内的效果才好，如水晶鸭舌等。

（5）**围**　把冷盘原料经刀工处理后，在盘中排列成环形，可排多层，层层围绕。

技能训练 4　**酸辣黄瓜**

1）主料：黄瓜 1 根（250 克）。

2）调辅料：盐 3 克，香醋 10 克，白糖 10 克，鸡粉 5 克，美极鲜酱油 5 克，生抽 10 克，干辣椒 5 克，糊辣油 3 克。

3）操作步骤

① 将黄瓜洗净加工成条状，加盐腌制 1.5 小时左右，挤去水分。

② 锅中加水，下所有调味料入锅中烧沸，取出装入盛器中，待冷却后放入腌好的黄瓜条浸泡 2 小时即可装盘。

技能训练 5　黄瓜单拼

1）主料：黄瓜 1 根。

2）操作步骤

① 将整根黄瓜取三段，修成刀面，剩余边角料切成薄片，码入盘内形成馒头形初坯。

② 将黄瓜刀面切成长方形薄片，按顺时针方向旋叠成馒头形（半球体）。

③ 将黄瓜切成薄片堆于馒头形的顶端，再将黄瓜刀面切成长方形薄片，并且排列整齐盖在顶端即可。

3）成品特点：高度合适、形态饱满、刀面间距均匀适度。

复习思考题

1. 简述翻勺的基本技术要领。

2. 烹调方法的分类主要有哪些？请举例说明。

3. 简述油炸的概念及技术要求。

4. 简述炒的概念、分类及技术要求。

5. 简述生炝时的加工要求。

6. 简述泡的注意事项。

7. 简述单一冷盘的拼摆步骤。

8. 简述单一主料冷菜的拼摆手法。

模 拟 题

一、单项选择题

1. 下列属于地上茎蔬菜的是（　　　）。

　　A. 茭白　　　　　　B. 土豆　　　　　　C. 荸荠　　　　　D. 藕

2. 部分根菜类原料容易氧化变色，是因为含有（　　　）。

　　A. 类胡萝卜素　　　　　　　　B. 草酸

　　C. 鞣酸　　　　　　　　　　　D. 花青素

3. 质地较嫩的根菜类蔬菜在加工时可以（　　　）。

　　A. 不洗涤　　　　　B. 不改刀　　　　　C. 不浸泡　　　　D. 不去皮

4. 茎菜类原料中不需要去老根的原料是（　　　）。

　　A. 笋　　　　　　　B. 茭白　　　　　　C. 土豆　　　　　D. 莴苣

5. 下列不属于叶菜类蔬菜的是（　　　）。

　　A. 黄花菜　　　　　B. 青菜　　　　　　C. 枸杞头　　　　D. 金花菜

6. 对带有虫卵的蔬菜应使用（　　　）。

　　A. 温水洗涤　　　　　　　　　B. 碱水洗涤

　　C. 冰水洗涤　　　　　　　　　D. 盐水洗涤

7. 下列不属于花菜类的蔬菜是（　　　）。

　　A. 花椰菜　　　　　B. 食用菊　　　　　C. 金花菜　　　　D. 西蓝花

8. 鸡宰杀时，（　　　）部位不能食用，应该去除。

　　A. 头　　　　　　　B. 鸡肠　　　　　　C. 鸡肺　　　　　D. 鸡爪

9. 鸭子宰杀时，应先烫（　　　）。

　　A. 爪子　　　　　　B. 翅膀　　　　　　C. 胸部　　　　　D. 头部

10.（　　　）的盐溶液，可保持原料不腐败。

　　A. 5%　　　　　　　B. 7%　　　　　　　C. 8%　　　　　　D. 10%

11. 热水涨发的具体操作方法有煮、焖发、（　　　）、蒸发。

　　A. 泡发　　　　　　B. 冷水泡发　　　　C. 水发　　　　　D. 冷水浸发

12. 烹饪加工中，最佳的解冻状态是（　　　）。

　　A. 完全解冻状态　　　　　　　B. 外层解冻、内部冻结状态

　　C. 半解冻状态　　　　　　　　D. 内外部完全软化状态

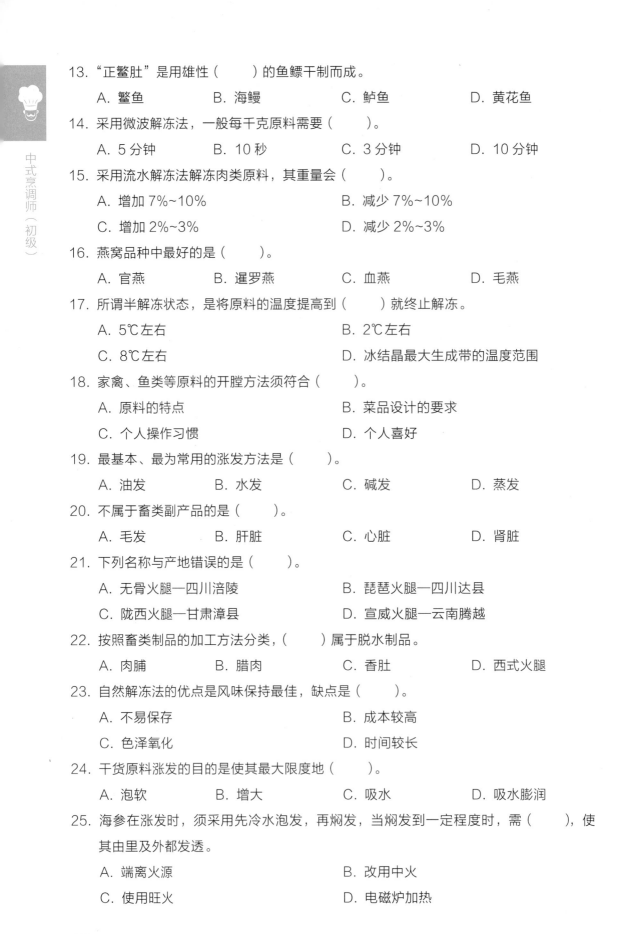

13. "正鳌肚"是用雄性（　　）的鱼鳔干制而成。

    A. 鳌鱼　　　　　　B. 海鳗　　　　　　C. 鲈鱼　　　　　　D. 黄花鱼

14. 采用微波解冻法，一般每千克原料需要（　　）。

    A. 5 分钟　　　　　B. 10 秒　　　　　　C. 3 分钟　　　　　D. 10 分钟

15. 采用流水解冻法解冻肉类原料，其重量会（　　）。

    A. 增加 7%~10%　　　　　　　　　　B. 减少 7%~10%

    C. 增加 2%~3%　　　　　　　　　　 D. 减少 2%~3%

16. 燕窝品种中最好的是（　　）。

    A. 官燕　　　　　　B. 暹罗燕　　　　　C. 血燕　　　　　　D. 毛燕

17. 所谓半解冻状态，是将原料的温度提高到（　　）就终止解冻。

    A. 5℃左右　　　　　　　　　　　　B. 2℃左右

    C. 8℃左右　　　　　　　　　　　　D. 冰结晶最大生成带的温度范围

18. 家禽、鱼类等原料的开膛方法须符合（　　）。

    A. 原料的特点　　　　　　　　　　 B. 菜品设计的要求

    C. 个人操作习惯　　　　　　　　　 D. 个人喜好

19. 最基本、最为常用的涨发方法是（　　）。

    A. 油发　　　　　　B. 水发　　　　　　C. 碱发　　　　　　D. 蒸发

20. 不属于畜类副产品的是（　　）。

    A. 毛发　　　　　　B. 肝脏　　　　　　C. 心脏　　　　　　D. 肾脏

21. 下列名称与产地错误的是（　　）。

    A. 无骨火腿—四川涪陵　　　　　　 B. 琵琶火腿—四川达县

    C. 陇西火腿—甘肃漳县　　　　　　 D. 宣威火腿—云南腾越

22. 按照畜类制品的加工方法分类，（　　）属于脱水制品。

    A. 肉脯　　　　　　B. 腊肉　　　　　　C. 香肚　　　　　　D. 西式火腿

23. 自然解冻法的优点是风味保持最佳，缺点是（　　）。

    A. 不易保存　　　　　　　　　　　 B. 成本较高

    C. 色泽氧化　　　　　　　　　　　 D. 时间较长

24. 干货原料涨发的目的是使其最大限度地（　　）。

    A. 泡软　　　　　　B. 增大　　　　　　C. 吸水　　　　　　D. 吸水膨润

25. 海参在涨发时，须采用先冷水泡发，再焖发，当焖发到一定程度时，需（　　），使其由里及外都发透。

    A. 端离火源　　　　　　　　　　　 B. 改用中火

    C. 使用旺火　　　　　　　　　　　 D. 电磁炉加热

26. 加工后的原料，在 −18~−15℃ 的环境下可以保存（　　　）。

    A. 2个月   B. 三个月   C. 半年   D. 一年

27. 家禽的肌肉发达，特别是胸肌和腿肌，一般情况下，占禽体的（　　　）左右。

    A. 30%   B. 40%   C. 50%   D. 60%

28. 采用整禽出骨制作的菜肴是（　　　）。

    A. 八宝葫芦鸭   B. 清蒸仔鸡

    C. 红烧老鹅   D. 歌乐山炸仔鸡

29. 下列菜肴不需要经过原料分割或剔骨整理的工序就能制成的菜肴是（　　　）。

    A. 菊花鸡丝   B. 五菌鸽松   C. 北京烤鸭   D. 辣子鸡丁

30. 一般禽类所产蛋中，单只重量最大的是（　　　）。

    A. 鸡蛋   B. 鸭蛋   C. 鸽蛋   D. 鹌鹑蛋

31. 凉拌菜直接调制的重点是（　　　），使之既有综合味又有原料的本味。

    A. 调制的颜色选择   B. 汁水的用量

    C. 醋的运用   D. 汁水的比例

32. 咸鲜味的适用区域和选料都十分广泛，不受（　　　）的限制。

    A. 气候   B. 季节、年龄

    C. 南方、北方   D. 年龄

33. 糖醋味会因地区不同、人们的（　　　）不一样，而甜酸的程度和比例各异。

    A. 地域习俗   B. 生活水平

    C. 生活习惯   D. 口味习惯

34. 当甜味与酸味相互融合后，其味觉有（　　　）。

    A. 相加   B. 相减   C. 增加   D. 持平

35. 江苏名菜（　　　）是典型的咸甜味型的菜例。

    A. 扒烧整猪头   B. 拆烩鲢鱼头

    C. 文思豆腐羹   D. 大煮干丝

36. 在调制甜酸味时，如出现偏甜的现象，可以用添加（　　　）的方法加以调节。

    A. 醋   B. 酒   C. 盐   D. 糖

37. 通常将明火加热的燃料分为（　　　）3种。

    A. 煤油、柴油、天然气   B. 柴油、煤、燃气

    C. 固态、液态、气态   D. 无烟煤、天然气、煤气

38. 现代厨房中多用（　　　）的气态燃料。

    A. 液化石油气   B. 沼气

    C. 沼气和天然气   D. 天然气

39. 煤气中可燃成分达 90% 以上，其中氢气占（　　）。

　　A. 50%~55%　　　　　　　　　　B. 60%~75%

　　C. 80%~95%　　　　　　　　　　D. 40%~65%

40. 电灶是通电后将电能直接转化为（　　）的装置。

　　A. 光能　　　　　B. 热能　　　　　C. 红外　　　　　D. 电磁波

41. 醉腌主要用料是酒和（　　）。

　　A. 盐　　　　　B. 酱油　　　　　C. 醋　　　　　D. 香油

42. 蛋白质在水中加热会发生变性凝固，是由于加热破坏了蛋白质的次级键，使蛋白质被（　　）水解。

　　A. 醋　　　　　B. 酶　　　　　C. 酒精　　　　　D. 盐

43. 西餐中煎五成熟的牛排，牛肉中心颜色是（　　）。

　　A. 浅灰色　　　　　　　　　　B. 玫瑰色

　　C. 浅粉红色　　　　　　　　　　D. 红色

44. 牛肉的成熟度可通过测定原料的中心温度来判断，半熟牛排的中心温度是（　　）。

　　A. 60℃　　　　　B. 70℃　　　　　C. 80℃　　　　　D. 90℃

45. 鸡蛋经炒制后被人体消化利用率大约为（　　）。

　　A. 30%~50%　　　　　　　　　　B. 100%

　　C. 97%　　　　　　　　　　D. 82.5%

46. 一般蔬菜原料、味清鲜的原料选择（　　）预熟处理。

　　A. 温水锅　　　　　B. 开水锅　　　　　C. 沸水锅　　　　　D. 冷水锅

47. 一般动物性原料、味重的原料选择（　　）预熟处理。

　　A. 温水锅　　　　　B. 开水锅　　　　　C. 沸水锅　　　　　D. 冷水锅

48. 翻勺一般有大翻和（　　）两种。

　　A. 小翻　　　　　B. 前翻　　　　　C. 后翻　　　　　D. 颠锅

49. 翻勺练习中，有前翻与后翻两种形式，其中以（　　）。

　　A. 小翻为主　　　　　　　　　　B. 后翻为主

　　C. 前翻后翻接替进行　　　　　　　　　　D. 前翻为主

50. 热蒸汽传热方式中，放汽蒸属于（　　）状态的蒸汽传热。

　　A. 非饱和　　　　　B. 全饱和　　　　　C. 饱和　　　　　D. 平常

51. （　　）就是将原料经过快速加热，翻拌均匀成熟的加工方法。

　　A. 炒　　　　　B. 油爆　　　　　C. 酱爆　　　　　D. 芫爆

52. 滑炒对于动物性原料来说，一般须先上浆，后滑油，起锅淋油前须（　　）。

　　A. 滑油　　　　　B. 调味　　　　　C. 勾芡　　　　　D. 淋油

53. 煎法的菜肴适用于（　　　）的原料，应多加热原料两面使之成熟。

    A. 鱼扇形　　　　　　　　　　　　　B. 扁平状或加工成扁平状

    C. 中型　　　　　　　　　　　　　　D. 大薄片形

54. 一般煮的水温控制在（　　　）。

    A. 100℃　　　　　B. 90℃　　　　　C. 95℃　　　　　D. 103℃

55. 汆比任何水加热时间都（　　　）。

    A. 短　　　　　　B. 长　　　　　　C. 熟得慢　　　　D. 合适

56. 汆根据介质的不同可分为（　　　）。

    A. 水汆和油汆　　　　　　　　　　　B. 水爆和油汆

    C. 水汆和汤汆　　　　　　　　　　　D. 汤汆和油汆

57. 高温油炸法中，一种是用（　　　）的高温将原料加热至脆。

    A. 110~160℃　　　　　　　　　　　B. 140~180℃

    C. 100~140℃　　　　　　　　　　　D. 100~160℃

58. 冷菜烹制分冷制冷菜和（　　　）冷菜两大类。

    A. 温拌　　　　　B. 热制　　　　　C. 水泡　　　　　D. 酱制

59. 凉拌技法的关键在于（　　　）。

    A. 选料　　　　　　　　　　　　　　B. 切配均匀、拌制迅速

    C. 调制和运用味汁　　　　　　　　　D. 下料准、动作快

60. 猪内脏等一些腥膻味较重的原料，比较适合（　　　）预熟处理方法。

    A. 冷水　　　　　B. 热水　　　　　C. 蒸制　　　　　D. 过油

61. 下列植物性原料中，适宜用冷水预熟处理的是（　　　）。

    A. 青菜　　　　　B. 豌豆苗　　　　C. 韭菜　　　　　D. 鲜冬笋

62. 下列原料中适合用沸水预熟处理的是（　　　）。

    A. 青菜　　　　　B. 牛腩　　　　　C. 猪肚　　　　　D. 猪肺

63. 绿色蔬菜在焯水时，可以适当加入（　　　），以保持其色泽。

    A. 油　　　　　　B. 碱　　　　　　C. 醋　　　　　　D. 糖

64. 从烹饪实际操作来讲，（　　　）是勺功的关键。

    A. 握勺　　　　　B. 端勺　　　　　C. 出勺　　　　　D. 翻勺

65. 回锅肉的烹调方法采用了（　　　）。

    A. 小炒　　　　　B. 生炒　　　　　C. 熟炒　　　　　D. 滑炒

66. 在制作泡菜时，（　　　）是一门学问，也是制作泡菜最为关键的环节。

    A. 制作方法　　　　　　　　　　　　B. 刀工处理

    C. 调味　　　　　　　　　　　　　　D. 卤汁管理

67. 所谓冷制冷菜就是不经加热直接（　　　）的冷菜，如凉拌、生炝、醉等。

    A. 切配调用
            B. 拌制使用

    C. 调味食用
            D. 凉拌食用

68. 冷制冷菜在菜品调味时应注意以（　　　）。

    A. 咸鲜为主
            B. 清淡为主

    C. 麻辣为主
            D. 口味重为主

二、判断题

1. 慈姑焯水加工时一般采用热水入锅的方法进行。（　　　）

2. 装饰中使用的食用花采用淡盐水、苏打水清洗即可。（　　　）

3. 鸡宰杀时，因为鸡油较腥，可将其丢弃。（　　　）

4. 冕宁火腿是四川会理所产。（　　　）

5. 蔬菜清洗干净后，应盛放在清洁的器皿中，防止二次污染。（　　　）

6. 一般来说，家禽宰杀时，鹅在烫毛时要比鸡容易。（　　　）

7. 为了合理使用原料，家禽的内脏应选择可食用的保留。（　　　）

8. 鱼类在初加工时，胆囊破裂后，应将鱼丢弃，不能食用。（　　　）

9. 春笋在初加工时，应先削去老根，去皮，用清水洗净后进行焯水处理。（　　　）

10. 藻类蔬菜是以藻类植物的叶为食用部分的蔬菜。（　　　）

11. 鸡进行烫毛时，通常冬天水温为 80~85℃，春、秋天水温为 75~80℃。（　　　）

12. 黑鱼、鳜鱼等鱼鳃较硬的鱼，在宰杀时，应用剪刀取出鱼鳃。（　　　）

13. 无鳞鱼初加工时，须去除鱼身表面的黏液。（　　　）

14. 鱼类在初加工时，鱼鳃能食用，不应去除。（　　　）

15. 加工后的鲜活原料在 0℃可以保存 10 天。（　　　）

16. 鸡按用途可分为肉用鸡、蛋用鸡、肉蛋兼用鸡和药食兼用鸡 4 大类。（　　　）

17. 完全解冻状态的肉味道比半解冻状态的好。（　　　）

18. 粉条需要经过多次反复热水涨发才可以达到发料的要求。（　　　）

19. 流水解冻后肉的品质在风味、重量、色泽等方面都明显下降。（　　　）

20. 微波解冻是利用电磁波自身产生的热量进行解冻的。（　　　）

21. 家禽油脂的加工方法通常采用煎熬法和蒸制法两种。（　　　）

22. 冷水泡发的时间应根据原料的产地、季节等因素灵活控制。（　　　）

23. 煮发是把净料放入水中，加热煮沸，使之涨发。（　　　）

24. 一些干货原料的涨发往往都是组合涨发，如煮焖发、泡蒸发等。（　　　）

25. 原料在 20℃的水中比在 25℃的空气中解冻速度要快。(　　)

26. 四川泡菜用料极为广泛，几乎所有脆性植物性原料都可以用来泡制。(　　)

27. 所有冻结的原料，必须完全解冻后才能进行初加工。(　　)

28. 咸肉若含盐量较高，延长蒸制时间就可减少腌肉的盐分。(　　)

29. 生食凉拌的蔬菜原料放入浓度为 0.3% 的高锰酸钾溶液中浸泡 30 分钟后，再用清水洗涤干净方可食用。(　　)

30. 菌类蔬菜是以菌类的伞冠部为食用部分的蔬菜。(　　)

31. 花菜类原料洗涤时须保持原料的完整性。(　　)

32. 海参、鱿鱼需要多次反复热水涨发才可以达到发料的基本要求。(　　)

33. 蛋用禽要比肉用禽生长速度快，产肉率高。(　　)

34. 肌肉风味与肌间脂肪面积呈正相关，肌间脂肪含量高的肉，更加味美多汁。(　　)

35. 放养禽类与圈养禽类相比，前者红肌纤维的数量和直径多于后者。(　　)

36. 家禽的皮肤有汗腺和皮脂腺，尾部具有尾脂腺。(　　)

37. 中细丝细约 0.2 厘米 ×0.2 厘米、长 4.5~5.5 厘米，因细如火柴梗，故称"火柴"梗丝。(　　)

38. 二细丝细约 0.1 厘米 ×0.1 厘米、长 4.5~5.5 厘米，因细如麻丝，故称"麻线丝"。(　　)

39. 为了防止砧板虫蛀及腐烂，木质砧板应先用盐水浸泡，或者放入水中煮透。(　　)

40. 剔骨过程中，要求下刀准确，做到骨上无肉，肉上无骨，避免碎肉与碎骨渣。(　　)

41. 家禽的皮肤在翼部形成肤褶，称为麀皮。(　　)

42. 家禽骨骼的骨质非常致密，大部分骨骼为实骨，使骨骼具有坚固的特点。(　　)

43. 鸡的剔骨加工分为分档剔骨与整鸡剔骨两种。(　　)

44. 鸡爪适合用酱、烧、卤、炖等烹调方法加工。(　　)

45. 厨师对烹饪刀具使用的最高要求是"一把刀打天下"。(　　)

46. 对于不经常使用的刀具，在用完后擦拭干净，并在刀身两面涂上植物油，以防生锈。(　　)

47. 磨刀时刀面用力轻重不一，磨砺过多，刀锋偏向一侧，行业上称之为毛口现象。(　　)

48. 一般来说，平刀批的片多数还需进一步切割，而斜刀片则无须再切割。(　　)

49. 所有家禽都必须经过原料分割或剔骨整理的工序。(　　)

50. 剔骨分为分档剔骨和整料剔骨。(　　)

51. 在原料剔骨过程中，必须剔除全部硬骨，由于软骨中含有丰富的钙并可以食用，可以不去除。(　　)

52. 按烹饪用途分，家禽的主要肌肉可分为脯肉、腿肉和翅膀肉。（　　　）

53. 分割取料后的原料必须保持局部的完整性。（　　　）

54. 分割原料必须符合食品卫生及原料等级的要求。（　　　）

55. 对鸡腿进行剔骨时，应先用刀从鸡腿外侧剖开。（　　　）

56. 对鸡的宰杀、对猪胴体的分割等都不是通过刀工来实现的。（　　　）

57. 鸡翅剔骨过程中必须去除鸡翅中的所有骨骼。（　　　）

58. 对原料进行切割成形加工是中式烹调师重要的基本功之一。（　　　）

59. 辅料在菜肴中所占的比例通常在 40% 以上。（　　　）

60. 主辅料菜肴在组配时，主辅料的构成比例必须为 7 ：3。（　　　）

61. 多种原料冷盘是指以 3 种以上凉菜原料组成一盘菜肴。（　　　）

62. 无论选用何种餐具，都不可使用残缺破损的餐具。（　　　）

63. 多种主料菜肴在组配时，每种主料的重量不同。（　　　）

64. 确定菜肴的口味和食用方法是菜肴组配的意义之一。（　　　）

65. 在选用餐具时，一般菜点的容量占餐具的 80%~90% 为宜。（　　　）

66. 调料又称调味品、调味原料，它是烹调过程中调和食物口味的一类原料。（　　　）

67. 调料的用量少，因此作用不大。（　　　）

68. 单一原料冷盘是指冷菜大多数以一种原料组成一盘菜肴，不需要点缀。（　　　）

69. 辅助性拍粉是指在原料表面直接挂糊油炸或油煎。（　　　）

70. 风味性拍粉是先在原料外表喷上清水，使原料外表水分增多，然后黏附各种粉料。（　　　）

71. 挂糊的粉料必须是淀粉。（　　　）

72. 挂糊的主料只能选择动物性肌肉原料。（　　　）

73. 菜肴的色泽主要是通过调味工艺实现的。（　　　）

74. 单一味包括酸、甜、苦、咸、鲜、辣、涩。（　　　）

75. 当甜味和酸味相互融合后，其味觉有相加现象。（　　　）

76. 盐在酸甜味中起底味作用，目的是保证有个基本的口味。（　　　）

77. 葱、姜、蒜在甜酸味中主要起去腥的作用，同时还可以使诸味更加柔和协调。（　　　）

78. 为了使鱼圆达到理想的质感，在调制鱼蓉胶时可以添加适量的色拉油。（　　　）

79. 上浆过程中适当加入碱、木瓜蛋白酶等添加剂可达到致嫩的效果。（　　　）

80. 对勾芡工艺，玉米淀粉是最适合的选择。（　　　）

81. 在调制蛋清浆时，为了增加黏稠度，应用力搅打蛋清。（　　　）

82. 使用煤气时，需要注意煤气中含有一氧化碳，泄漏容易引起煤气中毒。（　　　）

83. 柴油炒灶大多灶口大，一般不配鼓风机，以控制燃烧速度。（　　　）

84. 食物中的水分、蛋白质、脂肪、碳水化合物等不易在电磁场中产生极化现象。（　　　）

85. 远红外线属于非电离辐射电磁波，一般将波长为 0.78~100 微米的电磁波称为红外线。（　　　）

86. 电磁灶是一种新型炊具，主要是利用通电后产生的微波来加热。（　　　）

87. 冷水预熟法适合春笋、萝卜等具有苦涩异味的植物性原料。（　　　）

88. 淀粉在水中加热会发生糊化或水解，其中糊化是水分子进入紧密的淀粉胶束结构，使淀粉粒吸水膨胀。（　　　）

89. 在使用水预熟处理法时，需要注意营养、风味的变化，应尽可能不过度加热。（　　　）

90. 对于动物性原料来说，沸水能使之快速成熟，保持柔韧度。（　　　）

91. 大型动物性原料在焯水时，应用沸水处理，这有助于内部血水排出。（　　　）

92. 热空气传热法包括明炉烤、暗炉烤等。（　　　）

93. 蒸汽传热法包括放汽蒸、足汽蒸、熏蒸、高压汽蒸。（　　　）

94. 生焓的烹调方法一般用于动物性原料。（　　　）

95. 冷菜拌制时一般以清淡、爽口为主，以无色调味居多，使用有色调料较少。（　　　）

96. 大翻勺（锅）前，要用晃锅的方法先把锅内菜肴晃动起来，然后再进行大翻。（　　　）

97. 菜肴中含有 1% 以上食醋时，无须加味精。（　　　）

98. 植物性原料一般都需要经过上浆，然后再进行炒制。（　　　）

99. 煸炒是将原料处理后投入少量的热油中快速加热成熟的加工方法。（　　　）

100. 与热菜加热法一样，白煮相当于清煮，卤相当于汤煮。（　　　）

101. 氽烫有时可根据原料的老嫩来选择水温。（　　　）

102. 凉拌时动物性原料使用得较少，常用的是新鲜的腌制过的海蜇皮、海蜇头等。（　　　）

103. 凉拌菜最佳的品尝时间是调拌 2 小时以后，否则不容易入味。（　　　）

104. 大翻勺（锅）操作时主要靠腕力。（　　　）

105. 醉是将鲜活原料放入器皿中，加入酒和调味汁腌渍，使活体原料"醉"熟的技法。（　　　）

106. 制作大煮干丝时，为了干丝的口感绵柔，焯水时可以适当地加食用碱。（　　　）

107. 冷制冷菜中的腌指腌拌，其选料以脆嫩的动、植物性原料为主。（　　　）

108. 一般情况下，500 克左右鲈鱼在旺火足汽的情况下，蒸 12 分钟为宜。（　　　）

109. 在单一主料冷菜拼摆手法中，扣就是将加工成形的原料，先排放在碗中或刀上，再覆扣于盘中的一种手法。（　　　）

110. 腌一般分为盐腌、醉腌、糟腌 3 种。（　　　）

一、单项选择题答案

1~5	A	C	D	C	A	6~10	D	C	C	A	D
11~15	A	C	A	C	C	16~20	A	D	B	B	A
21~25	B	A	D	D	A	26~30	C	C	A	C	B
31~35	D	B	D	B	A	36~40	A	C	A	A	B
41~45	A	B	C	A	C	46~50	C	D	A	D	A
51~55	A	C	B	A	A	56~60	C	B	B	C	A
61~65	D	A	A	D	C	66~68	D	C	B		

二、判断题答案

1~5	×	√	×	√	√	6~10	×	√	×	√	√
11~15	×	√	√	×	×	16~20	√	×	×	√	×
21~25	√	×	×	√	√	26~30	√	×	×	×	×
31~35	√	√	×	√	√	36~40	×	×	√	√	×
41~45	×	×	√	√	×	46~50	√	×	√	×	√
51~55	×	√	×	√	×	56~60	×	×	√	×	×
61~65	×	√	×	×	√	66~70	√	×	×	×	×
71~75	×	×	√	×	×	76~80	√	×	√	√	×
81~85	×	√	×	×	×	86~90	×	√	√	√	×
91~95	×	√	×	×	√	96~100	×	√	×	√	√
101~105	√	√	×	×	√	106~110	√	×	×	√	√

模拟试卷

中式烹调师（初级）试卷

注 意 事 项

1. 本试卷依据 2018 年颁布的《国家职业技能标准　中式烹调师》命制，考试时间 60 分钟。

2. 请在试卷的标封处填写姓名、准考证号和所在单位的名称。

3. 请仔细阅读各种题目的回答要求，在规定的位置填写答案。

	一	二	总　分
得　分			

一、选择题（每题 1 分，共计 80 分）

1. 为防止蔬菜损失营养，加工蔬菜时应（　　　）。

　　A. 先洗后切　　　　B. 先切后洗　　　　C. 先烹后切　　　　D. 只洗不切

2. 下列不属于根菜类蔬菜的是（　　　）。

　　A. 萝卜　　　　　　B. 竹笋　　　　　　C. 辣根　　　　　　D. 芜菁

3. 茎菜类蔬菜去皮后，应该（　　　），防止褐变。

　　A. 快速焯水　　　　B. 浸泡在水中　　　C. 浸泡在油中　　　D. 立即烹调

4.（　　　）属于蛋用鸡。

　　A. 九斤黄　　　　　B. 狼山鸡　　　　　C. 白科尼什鸡　　　D. 新汉夏鸡

5. 家禽宰杀时，如果血液没有放干净，烹熟后会（　　　）。

　　A. 肉质变苦　　　　B. 肉色发暗红　　　C. 肉色发红　　　　D. 肉质更鲜

6.（　　　）在制作时，需要采用肋开法去除内脏。

　　A. 清炖鸡孚　　　　B. 宫保鸡丁　　　　C. 烤鸭　　　　　　D. 小煎仔鸡

7.（　　　）在制作时，通常采用背开法。

　　A. 风鸡　　　　　　B. 烤鸭　　　　　　C. 樟茶鸭　　　　　D. 脆皮乳鸽

8. 禽类在烫毛时，冬天的水温一般要比夏天的（　　　）。

A. 低   B. 一样   C. 高   D. 差不多

9. （　　）在初加工时，采用熟烫法除去黏液。

　　A. 炒软兜   B. 生炒蝴蝶片   C. 清炒鳝丝   D. 酱爆白鳝

10. （　　）在宰杀时不需要去鳞。

　　A. 鳊鱼   B. 鲫鱼   C. 小黄鱼   D. 鲥鱼

11. 苹果在 −1.1~4.4℃，相对湿度 90%，能贮藏（　　）。

　　A. 3~5 个月   B. 3~6 个月   C. 3~7 个月   D. 3~8 个月

12. 镇江肴肉在进行工业化生产时，其规定亚硝酸盐用量不超过（　　）。

　　A. 1%   B. 1‰   C. 1‰   D. 3‰

13. 火腿在初加工时，需要用（　　）溶液将其外面刷洗干净。

　　A. 热食用碱水   B. 开水   C. 酸   D. 洗涤剂

14. 众多火腿品种中，（　　）被称为"北腿"。

　　A. 宣威   B. 恩施   C. 如皋   D. 诺邓

15. 鱼类在整鱼剔骨时，不同的鱼类产生不同的出肉率，其中小黄鱼的出肉率是（　　）。

　　A. 40%~55%   B. 50%~60%   C. 50%~65%   D. 60%~65%

16. 刀具磨制后，对其锋利合格的鉴定标准是（　　）。

　　A. 刀两面出现卷口   B. 迟钝刀刃原有的白线消失

　　C. 刀两面出现毛锋   D. 刀两面出现圆锋

17. 传统的中餐厨房常用的砧板材质是（　　）。

　　A. 竹质   B. 木质   C. 合成树脂   D. 不锈钢

18. 大煮干丝这道菜，在刀工处理环节上，方干采用（　　）。

　　A. 平刀推片   B. 平刀拉片   C. 平刀抖片   D. 平刀直片

19. 下列原料适合使用平批刀法进行加工的是（　　）。

　　A. 面包   B. 鸭血   C. 猪肉   D. 生姜

20 细约 0.15 厘米 × 0.15 厘米、长 4.5~5.5 厘米的料形称为（　　）。

　　A. 韭菜丝   B. 绒线丝   C. 火柴梗丝   D. 筷子丝

21. 主料在菜肴中作为主要成分，所占的比重通常为（　　）以上。

　　A. 50%   B. 60%   C. 70%   D. 80%

22. 调料是用于烹调过程中（　　）的一类原料。

　　A. 调重食物口味   B. 平衡食物口味   C. 补充食物口味   D. 调和食物口味

23. 下列淀粉中糊化温度最高的是（　　）。

　　A. 土豆淀粉   B. 小麦淀粉   C. 甘薯淀粉   D. 玉米淀粉

24. 不需要上浆或挂糊，拍粉后直接油炸成菜的是（　　）。

A. 松鼠鳜鱼　　　　B. 脆皮鲜奶　　　　C. 高丽虾仁　　　　D. 软炸香蕉

25. 经过冷冻的原料挂糊时，糊的浓度应（　　　）。

A. 稀一些　　　　B. 稠一些　　　　C. 保持不变　　　　D. 不稀不稠

26. 在烹调时，炝锅的主要作用是（　　　）。

A. 消除异味　　　　B. 增加色泽　　　　C. 确定口味　　　　D. 增加香味

27. 水晶肴肉夏季腌制时间一般为（　　　）。

A. 6~8 小时　　　　B. 1~2 天　　　　C. 3~5 天　　　　D. 10 天

28. 在浓度为（　　　）盐溶液中，添加 7~10 倍的蔗糖，咸味基本上被抵消。

A. 40%　　　　B. 30%　　　　C. 20%　　　　D. 1%~2%

29. 一般说来，食物中细菌活动旺盛的温度为（　　　），烹饪加工的各个环节应该规避。

A. 0~60℃　　　　B. 4~60℃　　　　C. 71~82℃　　　　D. −5~4℃

30. 熏制的烹调方法属于（　　　）。

A. 蒸汽传热　　　　B. 空气传热　　　　C. 油传热　　　　D. 水传热

31. 肌纤维越（　　　），密度越大，肉质也越细嫩，风味越好。

A. 多　　　　B. 粗　　　　C. 少　　　　D. 细

32. 肉用禽要比蛋用禽生长速度快，产肉率高，（　　　）的数量多。

A. 白肌纤维　　　　B. 红肌纤维　　　　C. 瘦肉　　　　D. 肌肉

33. 幼禽几乎所有骨内都含有（　　　）。

A. 骨油　　　　B. 骨髓　　　　C. 血液　　　　D. 骨血

34. 从分档取料、物尽其用的角度出发，适合吊汤的原料是（　　　）。

A. 鸡脯　　　　B. 鸡腿　　　　C. 鸡杂　　　　D. 鸡架

35. 运用刀具对烹饪原料进行切割加工，简称（　　　）。

A. 刀工　　　　B. 加工处理　　　　C. 切配　　　　D. 初加工

36. 刀工主要是对完整原料进行（　　　）。

A. 切配　　　　B. 剔骨　　　　C. 分解切割　　　　D. 处理

37. （　　　）不适合用挤捏法取虾仁。

A. 基围虾　　　　B. 草虾　　　　C. 青虾　　　　D. 白虾

38. 按刀的（　　　）来分，有批（片）刀、切刀、斩刀、前批（片）后斩刀等。

A. 质地　　　　B. 形状　　　　C. 用途　　　　D. 形式

39. 磨刀石中（　　　）常用于新刀开刃。

A. 粗磨石　　　　B. 粗油石　　　　C. 细磨石　　　　D. 磨刀棒

40. 木质砧板为了方便使用，一般在使用前先用（　　　）浸泡。

A. 碱水　　　　B. 盐水　　　　C. 清水　　　　D. 油

41. 下列原料适合用推批刀法进行加工的是（　　　　）。

    A. 豆腐干　　　　　B. 鸭血　　　　　　C. 排骨　　　　　　D. 生姜

42.（　　　）适合用锯切刀法进行加工。

    A. 羊膏　　　　　　B. 猪腰　　　　　　C. 瘦肉　　　　　　D. 猪肝

43. 下列原料适合用铡切刀法进行加工的是（　　　　）。

    A. 萝卜　　　　　　B. 芹菜　　　　　　C. 螃蟹　　　　　　D. 排骨

44. 剁法是指用力于小臂，刀刃距料（　　　）以上垂直用力，迅速击断原料的方法。

    A. 1 厘米　　　　B. 0.5 厘米　　　　C. 3 厘米　　　　　D. 5 厘米

45. 切法是指运用腕力，刀刃距离原料（　　　），向下割离原料的方法。

    A. 0.1~1 厘米　　B. 2~3 厘米　　　C. 3 厘米以上　　D. 5 厘米以上

46. 制作烩冬笋这道菜肴时，竹笋的加工通常采用的刀法是（　　　）。

    A. 直切法　　　　　B. 滚料切法　　　　C. 推切法　　　　　D. 撬刀法

47. 一般对易碎的（　　　），通常采用平批刀法。

    A. 脆嫩原料　　　　B. 脆性原料　　　　C. 韧性原料　　　　D. 软嫩原料

48. 一般将细于（　　　）、长 4.5~5.5 厘米的细工料形称为丝。

    A. 0.3 厘米 × 0.3 厘米　　　　　　　B. 0.4 厘米 × 0.4 厘米

    C. 0.5 厘米 × 0.5 厘米　　　　　　　D. 0.5 厘米 × 0.5 厘米

49. 长方片料形具有长方形结构，规格有大、中、小三种，其中小号规格约（　　　）。

    A. 5 厘米 × 2 厘米 × 0.2 厘米　　　　B. 5 厘米 × 1.5 厘米 × 0.2 厘米

    C. 3.5 厘米 × 1.5 厘米 × 0.2 厘米　　D. 4 厘米 × 1.5 厘米 × 0.3 厘米

50. 原料切片时应注意原料的纤维纹理方向，（　　　）宜逆向切片。

    A. 牛肉片　　　　　B. 鸡肉片　　　　　C. 鱼片　　　　　　D. 猪肉片

51. 按刀的形状来分，有（　　　）、马头刀、尖头刀、斧形刀等。

    A. 片刀、批刀　　B. 方头刀、圆头刀　C. 剁刀、方头刀　D. 圆头刀、片刀

52. 下列刀具在磨制时，需要用平翘结合方法的是（　　　）。

    A. 剁刀　　　　　　B. 批刀　　　　　　C. 斧形刀　　　　　D. 大方刀

53. 依据（　　　），刀法分为平刀法、斜刀法、直刀法和其他刀法 4 大类型。

    A. 刀的种类　　　　　　　　　　　　B. 切配原料的种类

    C. 刀身与原料的接触角度　　　　　　D. 刀尖与砧板的夹角

54. 不使用刀具时，应将刀具放在安全、洁净、干燥的（　　　），这样既能防止生锈，又能避免刀刃损伤或伤及他人。

    A. 刀具架或消毒柜内　　　　　　　　B. 消毒柜内

    C. 刀具架或刀具柜内　　　　　　　　D. 砧板上

55. 正斜刀法，即正斜批，运刀时刀身与砧板右侧角度为（　　）。

    A. 10 度 ~20 度　　　　　　　　　　B. 40 度 ~50 度

    C. 70 度 ~80 度　　　　　　　　　　D. 130 度 ~140 度

56. 反斜刀法，即反斜批，运刀时刀身与砧板右侧角度为（　　）。

    A. 10 度 ~20 度　　　　　　　　　　B. 40 度 ~50 度

    C. 70 度 ~80 度　　　　　　　　　　D. 130 度 ~140 度

57. 下列原料适合使用锯批刀法进行加工的是（　　）。

    A. 面包　　　　　B. 猪肝　　　　　C. 猪腰　　　　　D. 瘦肉

58. 下列原料适合使用拉批刀法进行加工的是（　　）。

    A. 白菜　　　　　B. 竹笋　　　　　C. 榨菜　　　　　D. 鸡脯

59. 动物性原料切丝时，须采用顺丝切的原料是（　　）。

    A. 牛里脊　　　　B. 牛腿肉　　　　C. 鸡脯肉　　　　D. 猪腿肉

60. 简单来说，（　　）是指将各种加工成形的原料加以适当配合的工艺过程。

    A. 初步加工　　　B. 菜肴组配　　　C. 烹调工艺　　　D. 冷菜拼摆

61. 菜肴是由一定的（　　）构成的。

    A. 主料、配料　　B. 质和量　　　　C. 菜肴的成本　　D. 宴席菜品

62. 下列淀粉中，最适合勾芡的淀粉是（　　）。

    A. 土豆淀粉　　　B. 小麦淀粉　　　C. 红薯淀粉　　　D. 糯米淀粉

63. 下列淀粉中，最适合挂糊的淀粉是（　　）。

    A. 土豆淀粉　　　B. 小麦淀粉　　　C. 红薯淀粉　　　D. 糯米淀粉

64. 下列淀粉中，最适合上浆的淀粉是（　　）。

    A. 玉米淀粉　　　B. 小麦淀粉　　　C. 红薯淀粉　　　D. 糯米淀粉

65. 辅助性拍粉是指（　　）。

    A. 先挂糊后拍粉　　B. 先拍粉后挂糊　　C. 先拍粉后上浆　　D. 先上浆后拍粉

66. 辅助性拍粉主要用于一些（　　）。

    A. 动物性原料

    B. 植物性原料

    C. 水分含量较少、外表比较光滑的原料

    D. 水分含量较多、外表比较光滑的原料

67. 传统糖醋黄河鲤鱼使用的糊是（　　）。

    A. 淀粉糊　　　　B. 面粉糊　　　　C. 淀粉加面粉　　D. 拍粉

68. 全蛋糊的原料配比是（　　）。

    A. 面粉 25%、淀粉 30%、鸡蛋 20%、水 25%

B. 面粉 35%、淀粉 35%、鸡蛋 10%、水 20%

C. 面粉 30%、淀粉 35%、鸡蛋 15%、水 20%

D. 面粉 25%、淀粉 25%、鸡蛋 15%、水 35%

69. 烹调调味可分为（　　　）。

    A. 烹调前调味　　　B. 烹调中调味　　　C. 烹调后调味　　　D. 以上全是

70. "五味之美，不可胜及"出自（　　　）。

    A.《周易》　　　　B.《随园食单》　　　C.《黄帝内经》　　　D.《调鼎集》

71. 下列菜肴采用烟熏烹调技法的是（　　　）。

    A. 毛峰熏鲥鱼　　　B. 糖醋腰花　　　　C. 菊花鱼　　　　D. 酸菜鱼

72. 运用（　　　）可以改善和调节菜品质感风味。

    A. 调味工艺　　　B. 调色工艺　　　　C. 造型工艺　　　　D. 调香工艺

73. 腌制鱼时，鱼肉质地与腌制时间（　　　）。

    A. 成反比　　　　B. 成正比　　　　　C. 不成比例　　　　D. 无影响

74. 松鼠鳜鱼成菜主要采用的调味方法是（　　　）。

    A. 跟碟调味法　　　B. 包裹调味法　　　C. 沾撒调味法　　　D. 浇汁调味法

75. 拔丝苹果成菜主要采用的调味方法是（　　　）。

    A. 跟碟调味法　　　B. 包裹调味法　　　C. 沾撒调味法　　　D. 浇汁调味法

76. 水煮鱼片成菜采用的调味方法是（　　　）。

    A. 热传质调味法　　B. 包裹调味法　　　C. 腌浸调味法　　　D. 浇汁调味法

77. 爆炒墨鱼花成菜主要采用的调味方法是（　　　）。

    A. 热传质调味法　　B. 包裹调味法　　　C. 腌浸调味法　　　D. 浇汁调味法

78. 腌浸调味法主要是利用（　　　）原理。

    A. 盐的作用　　　B. 渗透　　　　　C. 糖盐的作用　　　　D. 辐射

79. 腌浸调味法根据使用的调味品品种不同可分为（　　　）、醋渍法、糖渍法。

    A. 盐腌法　　　　B. 酱油腌法　　　　C. 海盐腌法　　　　D. 酱腌法

80. 味型分为单一味和（　　　）。

    A. 复合味　　　　B. 多种味　　　　　C. 浓香味　　　　　D. 混合味

二、判断题（每题 1 分，共计 20 分）

1. 发芽的土豆只要挖去发芽部分，清洗干净就可食用。（　　　）

2. 高锰酸钾溶液洗涤方法主要用于清洗蔬菜。（　　　）

3. 西红柿去皮一般采用碱水浸泡法。（　　　）

4. 鸡宰杀时，煺毛方法主要采用顺着毛的方向拔。（　　　）

5. 鸽子一般采用浸水闷杀或酒灌醉的宰杀方式。（　　　）

6. 淡水鱼中某些含有牙齿的鱼，在初加工时须将牙齿去除。（　　　）

7. 鱼肚一般情况下只采用油发的方式进行涨发。（　　　）

8. 海蜇初加工时将海蜇用沸水烫至收缩后再浸入冰水中 8~10 小时，至酥松涨大。（　　　）

9. 粗丝是指细约 0.3 厘米×0.3 厘米、长 4.5~5.5 厘米，因细如绒线，又称"绒线丝"。（　　　）

10. 分割与剔骨整理时必须符合食品卫生要求和菜肴的品质要求。（　　　）

11. 磨刀时，前后磨数不匀，刀身中腰呈大肚状凸出，行业上称为"月牙口"现象。（　　　）

12. 正斜批，右侧角度为 20 度~30 度，一般来讲，正斜刀法用的是拉力，故又叫"斜拉批"。（　　　）

13. 中式厨房中，砧板最好选用白果树材料的，因为可以防止细菌滋生。（　　　）

14. 菜肴的质，指菜肴中各种原料的重量及菜肴的重量。（　　　）

15. 主料是指在菜肴中作为主要成分，占主导地位，起突出作用的原料。（　　　）

16. 什锦拼盘的装盘由 6 种左右冷菜原料构成，它是多种冷菜原料组配的特例。（　　　）

17. 为了使菜品获得较嫩的口感，原料在上浆时要适当打水。（　　　）

18. 从食物营养和饮食安全的角度出发，食物加热应尽量避免 210℃以上的高温。（　　　）

19. 制作热制冷菜时，要掌握口味的变化，一般情况下要比热菜口味轻。（　　　）

20. 凉拌就是将加工处理的新鲜生料切成大的块、段，码入盘内，再调以各种味型的味汁拌匀成菜的技法。（　　　）

一、单项选择题答案

1~5	A B B D B	6~10	C A C A D
11~15	D C A C D	16~20	B B D B C
21~25	B D C A B	26~30	D A D B B
31~35	D A B D A	36~40	C A C A B
41~45	D A C D A	46~50	D D A C A
51~55	B D C C B	56~60	A C D C B
61~65	B A C A B	66~70	D A D D B
71~75	A A B D B	76~80	A B B A A

二、判断题答案

| 1~5 | × × × × √ | 6~10 | √ × √ √ √ |
| 11~15 | × × × × √ | 16~20 | × √ × × × |

参考文献

［1］ 人力资源和社会保障部教材办公室. 中式烹调师（初级）[M]. 北京：中国劳动社会保障出版社，2011.

［2］ 周晓燕. 烹调工艺学 [M]. 北京：中国纺织出版社，2008.

［3］ 赵廉. 烹饪原料学 [M]. 北京：中国纺织出版社，2008.

［4］ 中国就业培训技术指导中心. 中式烹调师（初级）[M]. 2版. 北京：中国劳动社会保障出版社，2007.

［5］ 朱云龙. 中国冷盘工艺 [M]. 北京：中国纺织出版社，2016.

［6］ 江苏省烹饪协会，江苏省饮食服务公司. 中国名菜谱：江苏风味 [M]. 北京：中国财政经济出版社，1990.

［7］ 广东省饮食服务公司，广东省烹饪协会. 中国名菜谱：广东风味 [M]. 北京：中国财政经济出版社，1991.

［8］ 彭景. 烹饪营养学 [M]. 北京：中国纺织出版社，2008.

［9］ 赵美丽. 不同种类淀粉在烹饪中的适应性研究 [J]. 现代农业研究，2020（9）：118-119.